# “猪—沼—果（菜粮）”

## ● 生态农业模式及配套技术 ●

主　编　董晓光　孙国梅
副主编　陈宗刚　张文香
编　委　杨　红　李　欣　白大伟
　　　　何　涛　蒋　玲　熊驰宇
　　　　宋玉光　项　建　王　青
　　　　孙　波　魏　彪　李勇进
　　　　黄晓燕

**图书在版编目(CIP)数据**

"猪—沼—果(菜粮)"生态农业模式及配套技术/董晓光,孙国梅主编.
—北京:科学技术文献出版社,2013.4
ISBN 978-7-5023-7631-4

Ⅰ.①猪… Ⅱ.①董… ②孙… Ⅲ.①农村-沼气利用-研究 Ⅳ.①S216.4

中国版本图书馆 CIP 数据核字(2013)第 256766 号

**"猪—沼—果(菜粮)"生态农业模式及配套技术**

策划编辑:孙江莉 责任编辑:孙江莉 责任校对:梁桂芬 责任出版:张志平

出 版 者 科学技术文献出版社
地 址 北京市复兴路 15 号 邮编 100038
编 务 部 (010)58882938,58882087(传真)
发 行 部 (010)58882868,58882866(传真)
邮 购 部 (010)58882873
官方网址 http://www.stdp.com.cn
发 行 者 科学技术文献出版社发行 全国各地新华书店经销
印 刷 者 北京金其乐彩色印刷有限公司
版 次 2013 年 4 月第 1 版 2013 年 4 月第 1 次印刷
开 本 850×1168 1/32 开
字 数 150 千
印 张 6.25
书 号 ISBN 978-7-5023-7631-4
定 价 16.00 元

# 前言

2001—2002年，国家实施了农村小型公益沼气项目，从2003年开始至今，已连续数年实施了农村沼气国债项目，且项目遍布全国27个省（区），各省（区）相继涌现出了一批生态户、生态村和生态乡，它们的共同特点是以农户为生产主体，以种植业为基础，以养殖业为主干，以沼气为纽带，以庭院为依托，开展沼气、沼液、沼渣的综合利用，发展种植业和养殖业联为一体的“猪—沼—果、猪—沼—菜和猪—沼—粮”等生态农业模式。沼气池的建设不仅开发了农村能源，改善了农村环境，还促进了农业标准化生产，推动了绿色无公害农业的发展。沼气除用于日常炊事、照明外，沼气原料经过发酵，变为有机肥料，利用沼液浇灌的果树、蔬菜、粮食作物，产量可提高20%以上，给农民带来了巨大的经济效益。

在多年的沼气推广过程中，农业科技工作者根据各地地域资源条件的不同，通过反复实践，逐渐形成了具有代表意义的“三位一体”和“四位一体”等模式。然而，在推广应用过程中，技术应用的不精、不妥、甚至走样的现象十分普遍，极大地降低了模式应用的综合效益。

本书是根据“三位一体”和“四位一体”等模式在生产中的实际利用情况，全面系统、深入浅出地对生产中存在的实际问题进行了详细的说明，反映了我国沼气生态农业开发研究的新成果、技术水平和先进经验，并且本书包括了户用沼气池标准施工图，省去了读者另购其他图书的麻烦，使读者购买本书，沼气全部技术都在手中，是农村能源工作者修建沼气、沼气技术工作者和广大农民正确使用、日常维护沼气正常运行必不可少的理想参考书。

由于编者水平所限，编写过程中的疏漏和不当之处敬请业内人士和广大读者批评指正，并在此对参考资料的原作者表示衷心的感谢。

编　者

# 目录

# 第一章 “猪—沼—果（菜、粮）”生态模式概述

“猪—沼—果（菜、粮）”生态模式是国家农业部近年来推广的新型生态农业模式。

“猪—沼—果（菜、粮）”生态模式就是把植物生产、动物消化和微生物还原三者有机结合而形成的一种模式，该模式是以农户为生产主体，以种植业为基础，以养殖业为主干，以沼气为纽带，以庭院为依托，采用“沼气池、猪舍、厕所”三结合工程，因地制宜地开展“三沼（沼气、沼渣、沼液）”的综合利用，从而实现对农业资源的高效利用和生态环境建设、提高农产品产量和质量、增加农民收入等效果。该模式利用猪粪、人粪尿、秸秆进入沼气池，经过厌氧发酵，产生沼气用于生产、生活用能；沼气原料发酵后，杀灭了绝大多数有害虫卵、病菌，成为优质的有机肥。沼液可作为添加剂用于喂猪，节约饲料，加快出栏；沼肥施于果园可培肥地力，强壮树势，减少病虫害的发生。沼液用于喷施，不仅起到叶面追肥作用，还可直接杀灭或抑制部分病虫害。

“猪—沼—果（菜、粮）”生态模式不仅可获取新能源，节约养猪饲料，加快生猪出栏，减少农产品农药化肥使用量，而且生产的农产品个大、色鲜、口感好，优质安全，实现了能源、生态、经济效益的协调统一，是值得现代农村大力发展的好项目之一。

## 第一节 "猪—沼—果（菜、粮）"生态模式的基本原理

我国是研究、开发人工制取沼气技术较早的国家之一。早在19世纪末我国广东沿海一带就出现了适合农村的简易沼气池，1958年在全国掀起了"大办沼气"的群众运动，由于当时生产力水平低下，缺乏相应的科学技术支持，致使数十万个沼气池"昙花一现"。虽然如此，在推广沼气的过程中，水压式沼气池雏形和沼气池的"气、肥、卫三结合"综合功能均表现出强大的生命力，为后来农村沼气技术的研究与开发指明了方向。

20世纪90年代在政府的大力支持下，农村沼气建设事业得到了空前的发展，成立了全国沼气领导小组和农业部成都沼气科学研究所，并于1984年编制了《农村户用水压式沼气池标准图集》等国家标准，大力推广"圆、小、浅"、"猪—沼—果（菜、粮）生态模式"（图1-1）的水压式沼气池，为我国农村户用沼气池的进一步发展奠定了宝贵的技术基础。

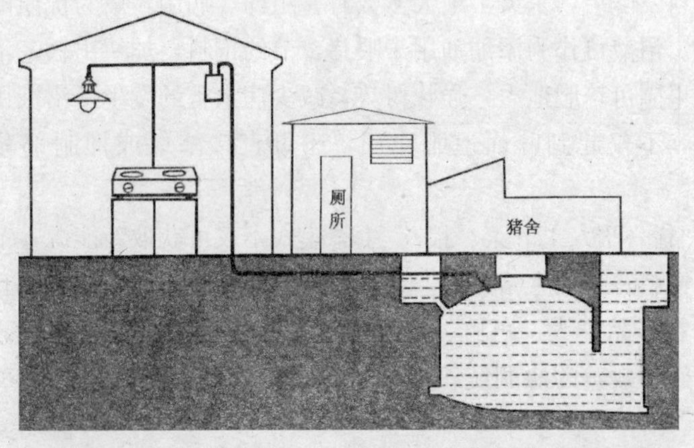


图1-1 "猪—沼—果（菜、粮）"生态模式沼气池示意图

多年来，农业部推广的模式有南方的“三位一体”、北方的“四位一体”、西北“五配套”和近年来国债项目推行的“一池三改”模式。这些建设模式是根据不同地区的生产需要和地理、气候条件总结出来的，通过实践证明，可以获得能源、卫生、废物利用的效益。

1.“南方的三位一体”模式的基本原理

“南方的三位一体”模式是在我国南方丘陵地区的农户和果园场综合利用沼气经验的基础上总结出来的一种成熟的生态农业模式。沼气用于农户日常做饭点灯，沼肥用于果树或其他农作物，沼液用于鱼塘和拌饲料喂养生猪，果园套种蔬菜和饲料作物，满足育肥猪的饲料要求。其具体内容是广泛的，除养猪外，还包括养牛、养鸡等养殖业；除果业外，还包括粮食、蔬菜、经济作物等。该模式突出以山林、大田、水面、庭院为依托，与农业主导产业相结合，延长产业链，促进农村各业发展。

2.“北方的四位一体”模式的基本原理

“北方的四位一体”模式是农业科技工作者在北纬32°以北地区及低纬度高寒山区，在实践基础上研制出的高产、优质、高效农业生产模式。它以土地资源为基础，以太阳能为动力，以沼气建设为纽带，通过生物质能转换技术，在农户庭院或田园，将沼气池、畜（禽）舍、厕所、农作物栽培室都在日光温室内，形成一个封闭的体系。日光温室的作用就是为沼气池、畜禽、温室内的农作物提供适宜的温、湿度条件，从而一改过去北方沼气池半年使用半年闲，且冬季极易冻坏的弊病，达到全年正常运行产气；改变北方冬季畜禽由于御寒导致能量损失过大，光吃食不长膘的状况，缩短出栏时间，降低生产成本。从而在同一块土地上，实现产气、积肥同步，种植、养殖并举，成为发展生态农业的重要技术措施。

3. 西北"五配套"模式的基本原理

旱区"五配套"沼气生态模式是从我国旱区的实际出发，依据生态学、经济学、系统工程学原理，以农户土地资源为基础，以太阳能为动力，以新型高效沼气池为纽带，形成以农带牧、以牧促沼、以沼促果、果牧结合配套发展的良性循环体系。模式要素是以5亩左右的成龄果园为基本生产单元，在果园或农户住宅前后配套一口8～10立方米的新型沼气池，一座12～20平方米的太阳能猪圈，一套60立方米的水窖及配套的集雨场，一套果园节水滴灌系统。模式实行厕所、沼气池、太阳能猪舍、水窖、果园五配套，地下建沼气池，地上搞养殖，效果倍增。

4. "一池三改"模式

"一池三改"的一池指农户沼气池建设，三改指改厕、改圈、改厨，即在开展农村户用沼气池建设的同时，同步新建或改建畜禽舍、厕所和厨房。

"一池三改"的主要任务就是在合理规划和布局的基础上，将农村户用沼气池的建设与畜禽舍、厕所、厨房的配套建设或改造同步实施，使得农户用上干净方便的能源。通过"一池三改"消灭疾病传染源，切断疫病传播渠道，改善庭院卫生，使广大农民从根本上转变传统的生活方式，走上健康与文明的生活之路。

## 第二节　沼气的概念及性质

沼气发酵是一个复杂的微生物学过程，参加发酵的微生物数量巨大，种类繁多，只有了解参加沼气发酵的多种微生物活动规律、生存条件及作用，并按照微生物的生存条件、活动规律要求，去修建沼气池，收集发酵原料，进行日常管理，使参加发酵的各种微生物得到最佳的生长条件，才能获得较多的产气量和沼肥，满足生产、生活的需要。

1. 沼气的概念

沼气是有机物质在厌氧环境中，在一定的温度、湿度、酸碱度的条件下，通过微生物发酵作用，产生的一种可燃气体。由于这种气体最初是在沼泽、湖泊、池塘中被发现的，所以人们叫它“沼气”。在日常生活中，特别是在气温较高的夏、秋季节，人们经常可以看到，从死水塘、污水沟、储粪池中，“咕嘟咕嘟”地向表面冒出许多小气泡，如果把这些小气泡收集起来，用火去点，便可产生蓝色的火苗，这种可以燃烧的气体就是沼气，又称作生物气。但是这些地方产生的沼气量较少，人们很难收集和利用。要想让沼气为人类生产和生活服务，就要用人工的方法制取。沼气发酵便是有意识地利用人畜粪便、秸秆、污水等各种有机物在密闭的容器内，在厌氧（没有氧气）条件下发酵，从而产生沼气。

沼气是一种混合气体，它的主要成分是甲烷（$CH_4$），其次有二氧化碳（$CO_2$）、硫化氢（$H_2S$）、氮（$N_2$）及其他一些成分。沼气的组成中，可燃成分包括甲烷、硫化氢、一氧化碳（CO）和重烃等气体；不可燃成分包括二氧化碳、氮和氨等气体。在沼气成分中甲烷含量为50%～70%、二氧化碳含量为30%～40%、硫化氢平均含量为0.034%。沼气中的甲烷、一氧化碳等是可以燃烧的气体，人类主要利用这一部分气体的燃烧来获得能量用于炊事、供暖、照明等。经沼气装置发酵后剩余的料液和沉渣，含有较丰富的营养物质，可用作肥料和饲料。

在自然界里，有一种“天然气”，它的主要成分也是甲烷，只是比沼气中甲烷含量多，一般在90%以上；还有两种常用的人工制成的“管道煤气”和“液化气”。管道煤气是以煤为原料制成的，以一氧化碳为主的可燃气体；液化气是炼油厂的副产品，是一种以丙烷、乙烷为主的可燃气体。可见它们与沼气虽然都是可燃气体，但成分和制取方法是不一样的。

2. 沼气的性质

沼气是一种无色、有味、有毒、有臭的气体，它的主要成分甲烷在常温下是一种无色、无味、无臭、无毒的气体。

（1）热值：甲烷是简单的有机化合物，是优质的气体燃料。燃烧时呈蓝色火焰，最高温度可达 1400℃左右。从热效率分析，每立方米沼气所能利用的热量约 23.4 千焦，相当于 0.55 千克柴油、0.8 千克煤炭或 3.03 千克煤充分燃烧后放出的热量。

（2）比重：与空气相比，甲烷的比重为 0.55，比空气轻，分布在上层；二氧化碳较重，分布于下层。另外，沼气在空气中也容易扩散，扩散速度比空气快 3 倍。

（3）溶解度：甲烷在水中的溶解度很小，在 20℃一个标准大气压下，100 个单位体积的水只能溶解 3 个单位体积的甲烷，所以，沼气不但能在淹水条件下生成，还可用排水法进行收集。

（4）临界温度和压力：气体从气态变成液态时，所需要的温度和压力称为临界温度和临界压力。标准沼气的平均临界温度为 −37℃，平均临界压力为 $56.64\times10^5$ 帕（即 56.64 个大气压力）。所以，沼气一般只能以管道输气，不能液化装罐作为商品能源交易。

（5）燃烧特性：一个体积的沼气需要 6～7 个体积的空气才能充分燃烧。

（6）着火温度：可燃气体在空气中能引起自燃的最低温度称着火温度。沼气是一种易燃易爆的气体，着火温度为 537℃；一氧化碳的着火温度为 605℃。当标准沼气在空气中的浓度达到 8%～25%（即甲烷在空气中的浓度达到 5%～15%）时，如沼气温度达到 537℃，即使没有明火也会产生自燃，即产生爆炸燃烧。

（7）窒息中毒：当沼气在空气中的浓度达到 42%～50%（即甲烷在空气中的含量达到 25%～30%）时，对人、畜有一定的麻醉作用，又称沼气中毒。

人们呼吸的空气中，二氧化碳含量一般为0.03%～0.1%，氧气含量为20.9%。当空气中的二氧化碳含量增加到1.74%时，人的呼吸就会加快、加深；二氧化碳含量增加到10.4%时，人的忍受力就只能坚持30秒钟；二氧化碳含量增加到30%左右，人的呼吸就会受到抑制，以致麻木死亡。

（8）燃烧不完全中毒：如果沼气的燃烧不完全就会产生一氧化碳气体，当室内空气中一氧化碳含量为0.02%时，人体吸入6小时后有轻微影响；当空气中一氧化碳含量为0.04%时，3小时后可感觉头痛；当空气中一氧化碳含量为0.09%，1小时后可感觉头痛和恶心；当空气中一氧化碳含量为0.15%，1小时后死亡；当空气中一氧化碳含量为1%时，人吸入后会立即中毒、昏迷、甚至死亡。所以使用沼气时，一定要保证室内通风良好。

（9）爆炸极限：当沼气在空气中的浓度达到8%～25%（即甲烷在空气中的浓度达到5%～15%）时，如遇明火或微小的火星就会产生爆炸燃烧。

## 第三节 沼气发酵的原理

### 1. 沼气发酵的过程

沼气的发酵过程，实质上是微生物的物质代谢和能量转换过程，在分解代谢过程中沼气微生物获得能量和物质，以满足自身生长繁殖，同时大部分物质转化为甲烷和二氧化碳。这样各种各样的有机物质不断地被分解代谢，就构成了自然界物质和能量循环的重要环节。科学测定表明：有机物约有90%被转化为沼气，10%被沼气微生物用于自身的消耗。所以说，发酵原料生成沼气是通过一系列复杂的生物化学反应来实现的。一般认为这个过程大体上分为水解发酵、产酸和产甲烷三个阶段。

（1）水解发酵阶段：各种固体有机物通常不能进入微生物体

内被微生物利用，必须在好氧和厌氧微生物分泌的胞外酶、表面酶（纤维素酶、蛋白酶、脂肪酶）的作用下，将固体有机质水解成分子量较小的可溶性单糖、氨基酸、甘油、脂肪酸。这些分子量较小的可溶性物质就可以进入微生物细胞之内被进一步分解利用。

（2）产酸阶段：各种可溶性物质（单糖、氨基酸、脂肪酸），在纤维素细菌、蛋白质细菌、脂肪细菌、果胶细菌胞内酶作用下继续分解转化成低分子物质，如丁酸、丙酸、乙酸以及醇、酮、醛等简单有机物质；同时也有部分氢（$H_2$）、二氧化碳（$CO_2$）和氨（$NH_3$）等无机物的释放。但在这个阶段中，主要的产物是乙酸，约占70%以上，所以称为产酸阶段，参加这一阶段的细菌称之为产酸菌。

（3）产甲烷阶段：产甲烷菌将第二阶段分解出来的乙酸等简单有机物分解成甲烷和二氧化碳，其中二氧化碳在氢气的作用下还原成甲烷。这一阶段叫产气阶段，或叫产甲烷阶段。

总之，沼气发酵的各个阶段是相互依赖的，它们之间保持着动态的平衡。在正常发酵情况下，水解、产酸和产甲烷的速度相对稳定，水解和产酸速度过慢或过快，都将影响到产生甲烷的正常进行。若水解和产酸速度太慢，原料分解速度低，发酵时间（周期）就会变长，产气速率下降；若水解和产酸速度太快，超过了产生甲烷的速度，就会积累大量的酸，致使pH值下降，出现酸化现象，抑制产甲烷作用，也会降低产气速率。

2. 沼气发酵的基本条件

沼气发酵是由多种细菌群参加完成的，它们在沼气池中进行新陈代谢和生长繁殖过程中，需要一定的生活条件，只有为其创造适宜的生长条件，使大量的微生物迅速的繁殖，才能加快沼气池内的有机物分解。另一方面控制沼气池内发酵过程的正常运行也需要一定的条件。因此，人工制取沼气必须具有发酵原料（有机物质）、沼气菌种、发酵浓度、酸碱度、严格的厌氧环境和适宜的温度。这些条件有一项对沼气细菌不适应，也产生不了沼气。

（1）碳氮比适宜的发酵原料：沼气发酵原料是产生沼气的物质基础，又是沼气发酵细菌赖以生存的养料来源。沼气发酵原料按物理形态分为固态原料和液态原料两类，按营养成分又有富氮原料和富碳原料之分。

富氮原料通常指富含氮元素的人、畜和家禽的粪便，这类原料经过了人和动物肠胃系统的充分消化，一般颗粒细小，含有大量人和动物未吸收消化的中间产物，含水量较高。因此，在进行沼气发酵时，它们不必进行预处理，就容易分解，产气很快，发酵时间较短。

富碳原料通常是指富含碳元素的秸秆和秕壳等，这类原料富含纤维素、半纤维素、果胶以及难降解的木质素和植物蜡质。干物质含量比富氮的粪便原料高，且质地疏松，比重小，进沼气池后容易飘浮形成浮壳层，发酵前一般需经预处理。富碳原料厌氧分解比富氮原料慢，产气周期较长。

氮素是构成沼气微生物躯体细胞质的重要原料，碳素不仅构成微生物细胞质，而且提供生命活动的能量。发酵原料的碳氮比不同，其发酵产气情况差异也很大。从营养学和代谢作用角度看，沼气发酵细菌消耗碳的速度比消耗氮要快25～30倍。因此，在其他条件都具备的情况下，碳氮比例配成（25～30）：1可以使沼气发酵在合适的速度下进行。如果比例失调，就会使产气和微生物的生命活动受到影响。因此，人工制取沼气必须向沼气池里投入各种发酵原料，以满足沼气菌的需要。这对提高产气量，保证持久产气是非常重要的。

（2）沼气菌种：如同发面要有酵母菌一样，制取沼气必须有沼气菌种才行。

沼气菌种都是从自然界来的，而沼气发酵的核心微生物菌落是产甲烷菌群，一切具备厌氧条件和含有有机物的地方都可以找到它们的踪迹。它们的生存场所，或者说人们采集接种物的来源地主要有沼气池（沼渣、沼液）、湖泊、沼泽、池塘底部；阴沟污泥中；积水粪坑中；动物粪便及其肠道物；屠宰场、酿造厂、豆制品厂、副食品加工厂等阴沟之中以及人工厌氧消化装置中。

沼气发酵加入菌种的操作过程称为接种，给新建的沼气池加入丰富的沼气菌种，目的是为了很快地启动发酵，而后又使其在新的条件下繁殖增生，不断富集，以保证大量产气。农村沼气池一般加入接种物的量为总投料量的10%～30%。在其他条件相同的情况下，加大接种量，产气快，气质好，启动不易出现偏差。如果加入菌种数量不够，常常很难产气或产气率不高。另外，加入适量的菌种可以避免沼气池发酵初期产酸过多而导致发酵受阻。

（3）严格的厌氧环境：沼气发酵中起主要作用的是厌氧分解菌和产甲烷菌，它们在生长、发育、繁殖、代谢等生命活动中都不需要空气，空气中的氧气会使其生命活动受到抑制，甚至死亡。所以，修建沼气池要严格密闭、不漏水、不漏气，这不仅是收集沼气和储存沼气发酵原料的需要，也是保证沼气微生物在厌氧的生态条件下存活，使沼气池能正常产气的需要。

（4）适宜的发酵温度：温度是沼气发酵的重要外因条件。温度适宜，沼气菌生长繁殖快，产沼气就多；温度不适宜，沼气菌生长繁殖慢，产沼气就少。所以，一定的温度也是生产沼气的一个重要条件。

研究发现，在10～70℃的范围内，沼气均能正常发酵产气。低于10℃或高于70℃都严重抑制微生物生存、繁殖，影响产气。在这一温度范围内，一般温度愈高，微生物活动愈旺盛，产气量愈高。微生物对温度变化十分敏感，温度突升或突降，都会影响微生物的生命活动，使产气状况恶化。

通常把不同的发酵温度区分为三个范围，即把52～60℃称为高温发酵，32～38℃称为中温发酵，12～30℃称为常温发酵。实践证明，户用沼气池采用15～25℃的常温发酵是经济实用的，这就是沼气池在夏季，特别是气温最高的7月份产气量大，而在冬季最冷的1月份产气很少，甚至不产气的原因，也是北方农村沼气池在管理上强调冬天必须采取保温措施，以保证正常产气的原因。

（5）适宜的酸碱度：沼气微生物的生长、繁殖，要求发酵原料的酸碱度保持中性，或者微偏碱性，过酸、过碱都会影响产气。测定表明，酸碱度pH值为6～8，均可产气，以pH值为6.5～7.5产气量最高，pH值低于6或高于9时均不产气。

农村户用沼气池发酵初期由于产酸菌的活动，池内产生大量的有机酸，导致pH值下降。随着发酵持续进行，氨化作用产生的氨中和一部分有机酸，加上甲烷菌的活动，使大量的挥发酸转化为甲烷（$CH_4$）和二氧化碳（$CO_2$），使pH值逐渐回升到正常值。所以，在正常的发酵过程中，沼气池内的酸碱度变化可以自然进行调解，先由高到低，然后又升高，最后达到恒定的自然平衡（即适宜的pH值），一般不需要进行人为调节。只有在配料和管理不当，使正常发酵过程受到破坏的情况下，才可能出现偏酸或偏碱现象。在沼气池的实际运行过程中，常出现因加料过多而引起“酸化”的现象：沼气火苗呈黄色（沼气中二氧化碳含量增大）和沼液pH值下降。一旦发生酸化现象即pH值下降到6.5以下，应立即停止进料和适量回流、搅拌，待pH值逐渐上升恢复正常。如果pH值在8.0以上，应投入接种污泥和堆沤过的秸草，使pH值逐渐下降恢复正常值。如果pH值下降到6.0以下，再进行补救就困难了。

（6）适度的发酵浓度：沼气池里有机物质的发酵必须有适量的水分才能进行。为了准确掌握适量的水分，常用“浓度”（即干物质浓度）来表示和测定。如取10千克的发酵原料，经晒干或烘干只剩1千克，则这种原料的干物质为10%（含水率为90%），即干物质浓度为10%。一般常用发酵原料的干物质浓度是：鲜猪粪18%、污泥22%、青草24%、干秸草80%～83%。沼气池中发酵液最适宜的干物质浓度应随季节的变化而变化，夏季一般为6%～10%，冬季一般为8%～12%。浓度过高或过低，都不利于沼气发酵。浓度过高，则含水量过少，发酵原料不易分解，并容易积累大量酸性物质，不利于沼气菌的生长繁殖，影响正常产气。浓度过低，则含水量过多，单位容积里的有机物含量相对减少，产气量也会减少，不利于沼气池的充分利用。

（7）适当搅拌：沼气池原料加水混合与接种物一起投进沼气池后，按其比重和自然沉降规律，从上到下将明显地逐步分成浮渣层、清液层。大量的微生物集聚在底层活动，因为此处接种污泥多，厌氧条件好，但原料缺乏，同时形成的密实结壳，不利于沼气的释放。

实践证明，适当的搅拌方法和强度，可以使发酵原料分布均匀，增强微生物与原料的接触，使之获取营养物质的机会增加，活性增强，生长繁殖旺盛，从而提高产气量。搅拌又可以打碎结壳，提高原料的利用率及能量转换效率，并有利于气体的释放。采用搅拌后，平均产气量可提高30%以上。

## 第四节　发展沼气的意义

多年来的实践证明，农村户用沼气除可用于炊事、照明外，还可用于孵小鸡、储粮、保鲜等多项生活、生产活动。沼气发酵后的沼液和沼渣可以用于种植业和养殖业，如种果、种菜、浸种育苗、培养食用菌、饲喂畜禽、养鱼等，可以起到改良土壤、提高作物产量、品质及其防寒抗病能力等作用。从运行的效果来看，沼气生态农业技术使庭院经济与生态农业紧密地结合起来，变革了农村传统的生产、生活方式和思想观念，实现了农业废弃物资源化、农业生产高效化、农村环境清洁化和农民生活文明化，是集经济、生态、社会效益于一体的一项农村基础设施建设工程。

1. 改善农村用能结构

随着农村社会经济的迅速发展、农业机械化和化学化的发展，农村生活用能短缺，制约了农村经济的发展和农民生活水平的进一步提高。

一户3～4口人的家庭，修建一口容积为8立方米左右的沼气池，以3～5头50千克以上猪或至少1头牛的粪便为原料，只要发酵原料充足，并管理得好，就能解决点灯、煮饭的燃料问题。凡是沼气办得好的地方，农户的卫生状况及居住环境大有改观，尤其是广大农妇通过使用沼气，从烟熏火燎的传统炊事方式中解脱出来。

2. 节省劳动力和资金

石油、煤炭价格的居高不下，同时封山禁牧将是我国政府长期实施的一项国策，薪柴砍伐将继续受到国家政策制约。办起沼气池后，过去农民砍柴、运煤花费的大量劳动力就能节约下来，投入到农业生产第一线上去。沼气池同时节省了买柴、买煤、买农药、化肥的资金，使办沼气的农户减少了日常的经济开支，得到实惠。

3. 促进农业生产发展

农村沼气是连接种植业和养殖业的纽带，也是当前及今后一段时期内农业增效、农民增收的重要渠道之一。

（1）增加肥料：办起沼气后，过去被烧掉的大量农作物秸秆和畜禽粪便加入沼气池密闭发酵，即能产气，又沤制成了优质的有机肥料，扩大了有机肥料的来源。同时，人畜粪便、秸秆等经过沼气池密闭发酵，提高了肥效，消灭寄生虫卵等危害人们健康的病原菌。沼气办得好，有机肥料能成倍增加，粮食、蔬菜、瓜果连年增产，同时产品的质量也大大提高，生产成本下降。

(2) 增强作物抗旱、防冻能力，生产绿色食品：实践证明，凡是施用沼肥的作物均增强了抗旱防冻的能力，提高秧苗的成活率。由于人畜粪便及秸秆经过密闭发酵后，在产生沼气的同时，还产生一定量的沼肥，沼肥中因存留丰富的氨基酸、B族维生素、各种水解酶、某些植物激素和对病虫害有明显抑制作用的物质，所以是各类农作物、花卉、果树、蔬菜等的优良有机肥料，对各类作物均具有促进生产、增产、抗寒、抗病虫之功能。因此，农业生产中使用沼液，不仅可以降低化肥、农药的使用量，并且可以切实减少因施用农药引发的环境污染问题或中毒事件，也有利于生产绿色无公害食品。

(3) 有利于发展畜禽养殖：办起沼气后，有利于解决“三料”（燃料、饲料和肥料）的矛盾，促进畜牧业的发展。

4. 保护生态环境

通过在农村推广使用沼气，可以切实有效地保护森林，降低二氧化碳和二氧化硫的排放，恢复和治理生态环境。

据测算，农户办沼气池后，可解决80%以上的生活燃料，无需再上山砍柴。建造一个8立方米的沼气池，每年可节柴2000千克以上，按每亩林地每年生长500千克计算，相当于封育了4亩山林。可见，沼气池建设是缓解农村生活能源与环境保护矛盾的一条行之有效的途径，有利于国家退耕还林、还草政策的落实。

5. 改善农村卫生条件

改革开放以来，我国农村地区的畜禽养殖业迅速发展，而畜禽粪便却以更快的速度污染着环境，其主要原因是粪便管理不力，以及粪肥还田数量因化肥的普及使用而逐渐减少。加上农家厕所极为简陋，人畜粪便成为农村环境公害，每逢下雨，粪污四溢，进入周围环境和水体。人畜粪便既是破坏环境的污染源，也是导致疫病流行的传染源。

修建户用沼气池能改变农村人畜粪便随意排放的状况，能解决“粪坑臭气冲天，污水到处横流，蚊蝇恼人乱飞”的问题。将人畜粪便投入沼气池中厌氧发酵，可沉降和杀死寄生虫卵和致病菌，消灭疾病传染源，减少蚊蝇孳生场所，阻断疫病传播途径。降低传染病发病率，把环境卫生问题解决在家居、庭院之内，有利于改善农村生活环境，是农民走向现代文明生活的一个重要台阶，对农村摆脱长期以来脏、乱、差的困境具有重大的历史意义。

## 第五节　农村建沼气池的补助申报

在中央财政资金的支持下，农业部从 2001 年起利用农村小型公益设施建设补助资金，在全国 379 个县实施了“生态家园富民计划”的沼气项目，将中央财政资金以资金或物化的形式补给建造沼气池的农民。具体事宜，请询问村委会及当地相关部门。

# 第二章　户用沼气池池型的选择与材料准备

农村户用沼气池是生产和贮存沼气的装置，它的质量好坏，结构和布局是否合理，直接关系到能否产好、用好、管好沼气。因此，修建沼气池要做到设计合理，构造简单，施工方便，坚固耐用，造价低廉。

## 第一节　户用沼气池的池型及工作原理

1. 户用沼气池的池型及构造

农村户用沼气池的池型种类很多，按几何形态可分为圆筒形、椭球形、拱形、扁球形等；按建池材料可分为混凝土结构、砖石结构、钢筋混凝土结构、预制钢筋混凝土板装配结构等；按沼气池埋置方式可分为地下式、半埋式、地上式；按贮气方式可分为水压式、浮罩式和分离浮罩式等。2002 年发布的沼气池最新国家标准《户用沼气池标准图集》（GB/T4750—2002）中包括五类七型池型，即曲流布料沼气池 A、B、C 型、预制钢筋混凝土板装配沼气池、圆筒形沼气池、椭球形沼气池、分离贮气浮罩沼气池。下面对各个池型进行介绍，以便用户选择。

（1）曲流布料沼气池：曲流布料沼气池是在水压式沼气池基础上，经过优化而设计出的较为先进的沼气池。曲流布料沼气池不仅是池型结构方面，还且在工艺流程、工艺特点等方面都符合发酵工艺流程、自流进出料连续发酵、菌群富集增强负荷能力等方面都有所创新，是沼气技术的重大突破性进步。

①结构：曲流布料沼气池有 A、B、C 型池型。由原料预处理池、进料口、进料管、布料板、塞流板、多功能活动盖、破壳输气吊笼、出料口、出料管、水压间、强回流装置、导气管、溢流口等组成。

A 型池结构示意如图 2-1 所示，池底由进料口向出料口倾斜，池底部最低点设在出料间底部。在 5°倾斜扇形池底的作用下，形成一定的流动推力，利用流动推力形成扇形布料，实现发酵池进料和出料自流，可以不必打开活动盖从出料间全部取出料液，方便出料。

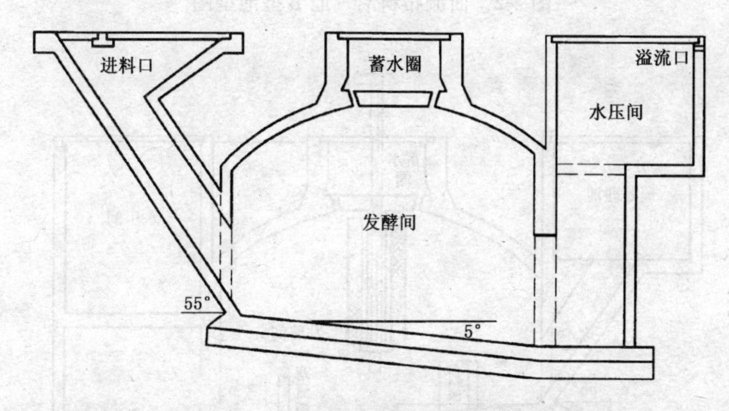


**图 2-1　曲流布料沼气池 A 型池型图**

B 型池如图 2-2 所示，设有中心管和塞流板。中心管有利于从主池中心部位抽出或加入原料；塞流板有利于控制原料在池底的流速和滞留时间，同时起固菌的作用。

C 型池如图 2-3 所示，设置中心破壳输气吊笼和原料预处理池，能提高池子的负荷能力。

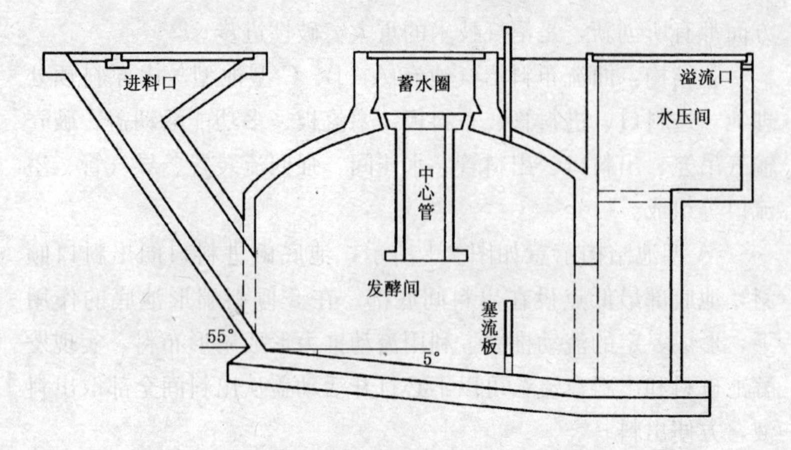


图 2-2　曲流布料沼气池 B 型池型图

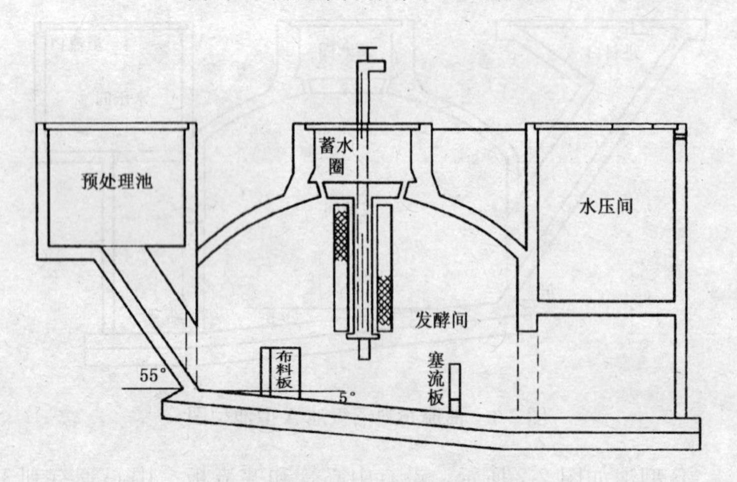


图 2-3　曲流布料沼气池 C 型池型图

②优、缺点：池型结构合理，原料进入池内由分流板进行半控或全控式布流，充分发挥池容负载能力，池容产气率高；造价低廉，自身耗能少；操作简单方便，容易推广；采用连续发酵工艺，发酵条件稳定；池底由进料口向出料口倾斜，池底部最低点在出料口底部，在倾斜池底的作用下，形成流动推力，实现主发

酵池进出料自流；能够利用外力连动搅拌装置或内部气压进行搅拌，防止料液结壳。

（2）预制钢筋混凝土板装配沼气池：预制钢筋混凝土板装配沼气池（图 2-4）是在现浇混凝土沼气池和砖砌沼气池基础上研制和发展起来的一种新的建池技术。

①结构：把池墙、池拱、进出料管、水压间墙、各口及盖板等都先做成钢筋混凝土预制件，运到建池现场，在大开挖的池坑内进行组装。

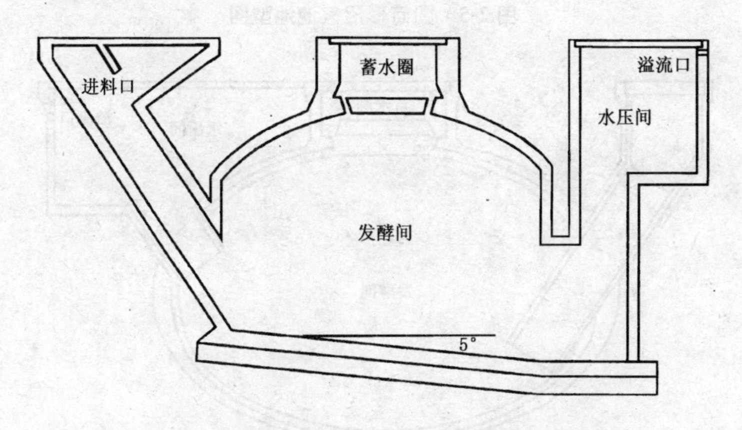


图 2-4　预制钢筋混凝土板装配沼气池池型图

②优、缺点：它与现浇混凝土沼气池相比较，有容易实现工厂化、规范化、商品化生产和降低成本、缩短工期、加快建设速度等优点。但存在着预制板在运输，架设中笨重易损坏的问题，给大面积推广带来一定难度。适宜在建池户集中，有条件集中工厂化生产、运输方便的地方采用。

（3）圆筒形沼气池和椭球形沼气池：目前，我国农村大量使用的沼气池有圆筒形（图 2-5）和椭球形（图 2-6）沼气池。

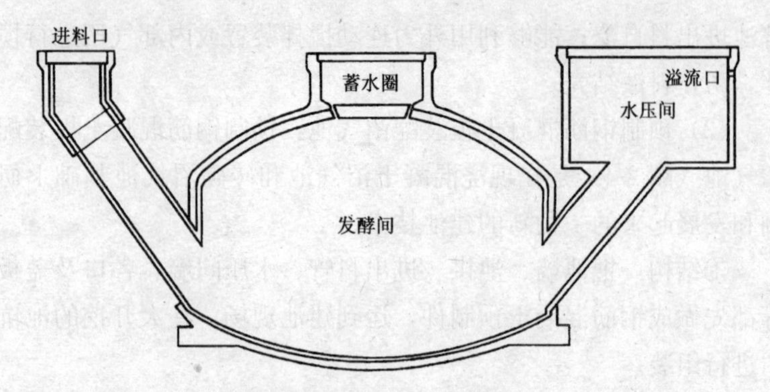


图 2-5　圆筒形沼气池池型图

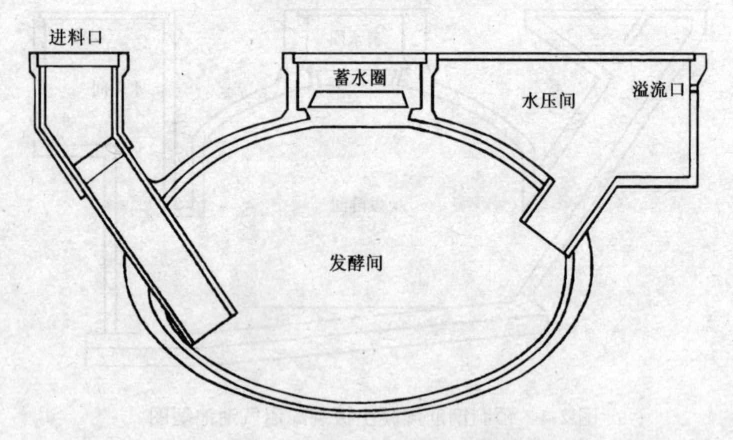


图 2-6　椭球形沼气池池型图

①结构：沼气池由发酵间、水压间、进料管、出料口通道、导气管等部分组成。

②优、缺点：池体结构受力性能良好，而且充分利用土壤的承载能力，所以省工省料，成本比较低；适于装填多种发酵原料，特别是大量的作物秸秆，对农村积肥十分有利；沼气池周围都与土壤接触，对池体保温有一定的作用。

由于气压反复变化，而且一般在 4～16 千帕（即 40～160 厘米水柱）压力之间变化。这对池体强度和灯具、灶具燃烧效率的稳定与提高都有不利的影响；由于没有搅拌装置，池内浮渣容易结壳，且难以破碎，所以发酵原料的利用率不高，池容产气率（即每立方米池容积一昼夜的产气量）偏低，一般产气率每天仅为 0.15～0.2 立方米/立方米；由于活动盖直径不能加大，对发酵原料以秸秆为主的沼气池来说，大出料工作比较困难。因此，最好采用出料机械出料。

(4) 分离贮气浮罩沼气池（图 2-7)：分离贮气浮罩沼气池不属于水压式沼气池范畴。

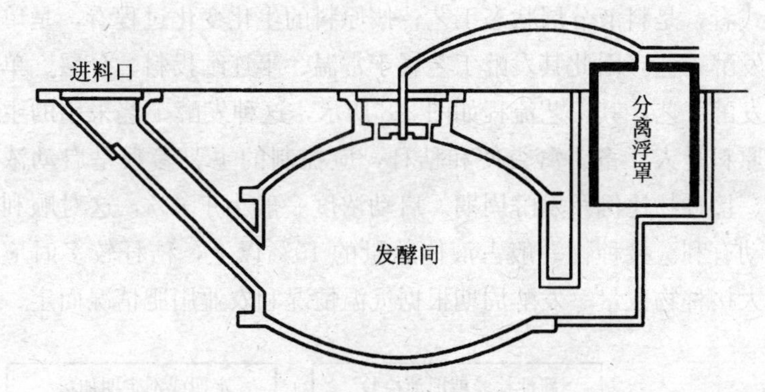


图 2-7　分离贮气浮罩沼气池池形图

①结构与功能：分离贮气浮罩沼气池，发酵池与气箱分离，没有水压间，采用浮罩与配套水封池贮气；有利于扩大发酵间装料容积，最大投料量为沼气池容积的 90%。

②优、缺点：但相对于曲流布料沼气池 A 型、B 型等水压式沼气池，它的造价要高一些。因为它建了主发酵池、贮粪池、抽料器之后，还要建一套贮气浮罩和水封池。

2. 沼气池的工作原理

户用沼气池主要是水压式沼气池。池体上部气室完全封闭，当沼气池内发酵产生沼气逐步增多时，贮气箱内的压力相应增高。这个不断增高的气压将发酵间内的料液压到出料间，此时出料间液面和池面液面形成了一个水位差，这个水位差就叫做“水压”。当用户用气时，沼气开关打开，沼气在水压下通过输气管输出，池内气压下降，水压间内的料液重新返回池内，以维持池内外压力新的平衡。这样不断地产气和用气，使发酵间和出料间的液面不断地升降。

3. 发酵工艺

我国农村大多数户用沼气池的发酵工艺，从温度来看，是常温发酵工艺；从投料方式来看，是半连续投料工艺；从料液流动方式看，是料液分层状态工艺；按原料的生化变化过程看，是单相发酵工艺，因此其发酵工艺属于常温、半连续投料、分层、单相发酵工艺，其工艺流程如图 2-8 所示，这种发酵工艺采用的主要原料是人、畜、禽粪便和秸秆，应控制的主要参数是启动浓度、接种物比例及发酵周期。启动浓度一般小于 6%，这对顺利启动有利。接种物一般占液体总量的 10%以上，秸秆较多时应加大接种物数量。发酵周期根据气温情况和农业用肥情况而定。

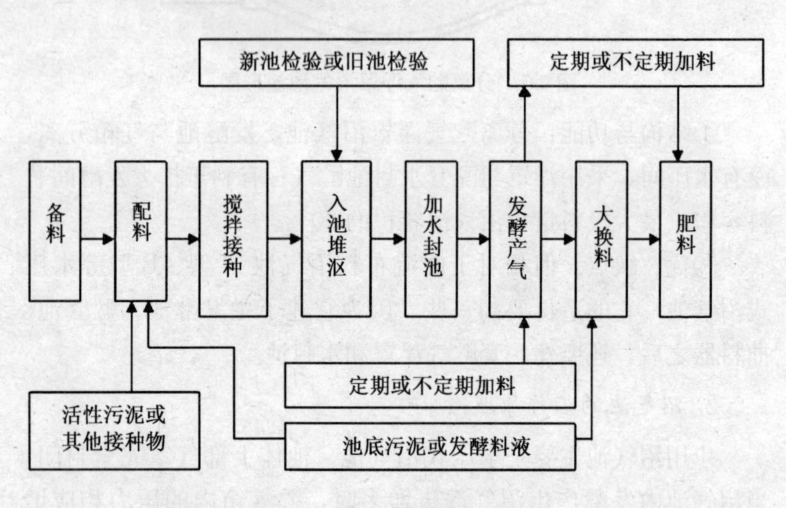


图 2-8 沼气池发酵工艺流程

## 第二节 池型选择与布局

农村沼气池修建是否合理，直接关系到沼气和沼气池的合理使用和管理，所以在修建沼气池时，应当充分考虑建池位置、池型池容选择等因素。

1. 沼气池的选择

沼气池的选择主要是对池型和池容的选择。沼气池建好后不能轻易地改动，很难更换，加之沼气池的种类也较多，在实际使用中选择哪种沼气池直接关系到用户的自身利益。建造哪种类型、多大的沼气池，应充分进行比较、权衡建池目的、建池材料、建池质量、建池占地、建池速度、沼气发酵原料、沼气池运行管理、建池的投资能力和劳动力的成本等问题。

农村常用的户用沼气池池形一般为圆形、方形和长方形，实践证明以圆形池最好，目前修建也最多。圆形或近似于圆形的沼气池与长方形池比较，具有相同容积的沼气池，圆形比长方形的表面积小，省工、省料；圆形池受力均匀，池体牢固，同一容积的沼气池，在相同荷载作用下，圆形池比长方形池的池墙厚度小；圆形沼气池的内壁没有直角，容易解决密封问题等优点。

建造沼气池，池子太小，产气就少，不能保证生产、生活的需要；池子太大，往往由于发酵原料不足或管理跟不上去等原因，造成产气率不高。目前，我国农村沼气池产气率普遍不够稳定，夏天一昼夜每立方米池容约可产气 0.15 立方米，冬季约可产气 0.1 立方米左右，一般农村 5 口人的家庭，每天煮饭、烧水约需用气 1.5 立方米（每人每天生活所需的实际耗气量约为 0.2 立方米，最多不超过 0.3 立方米）。因此，农村建池，每人平均按 1.5～2 立方米的有效容积计算较为适宜（有效容积一般指发酵间和贮气箱的总容积）。根据这个标准建池，人口多的家庭，平均有效容积少一点，人口少的家庭，平均有效容积多一点；北方地区一般气温较低，可多一点，南方地区一般气温较高，可少一点。如6立方米的沼气池每天可产沼气量1.2立方米，基本上能满足一家3口人一年四季煮饭、烧水或点灯的需要；8立方米的沼气池每天可产沼气量1.6立方米，基本上能满足4口人使用；10立方米的沼气池每天可产沼气量2.0立方米，可满足全家4～5口人使用。所以一般家庭养猪存栏6～10头，以建6、8、10立方米的沼气池为宜。

有的人认为，"沼气池修得越大，产气越多"，这种看法是片面的。实践证明，有气无气在于"建"（建池），气多气少在于"管"（管理）。沼气池容积虽大，如果发酵原料不足，科学管理措施跟不上，产气还不如小池。但是也不能单纯考虑管理方便，把沼气池修得很小，因为容积过小，影响沼气池蓄肥、造肥的功能，这也是不合理的。

2. 沼气池建筑位置的设计

沼气池池型、容积确定后，一定要注意布局。

（1）沼气池不可以建在距离建筑物太近的地方，防止挖池坑时建筑物倒塌。建造沼气池首先要考虑"三结合"问题，即沼气池的建造同农户家的厕所和畜禽舍相结合，做到科学规划、合理布局，使人畜禽粪便能及时流入沼气池，达到经常进料和改善农村环境卫生的目的。如果家中无养殖的用户，又不可能长期购买粪便，必须使用秸秆作为主要发酵原料的，建池时必须配套建设预处理池（即秸秆酸化池）。

现推荐沼气池、畜禽舍和厕所"生态模式"布置的几个方案，如图2-9所示。各地也可根据当地的实际情况另行布置。

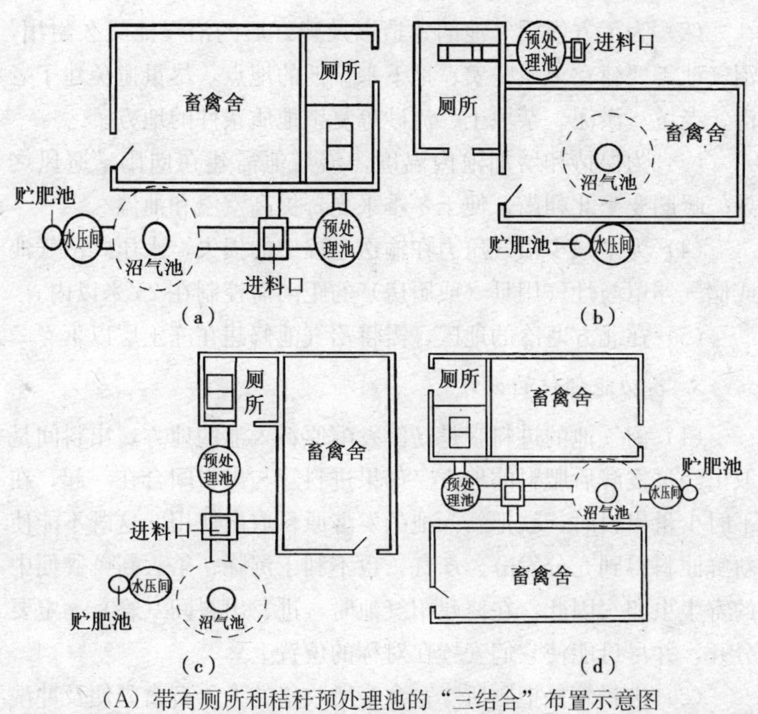


(A) 带有厕所和秸秆预处理池的“三结合”布置示意图

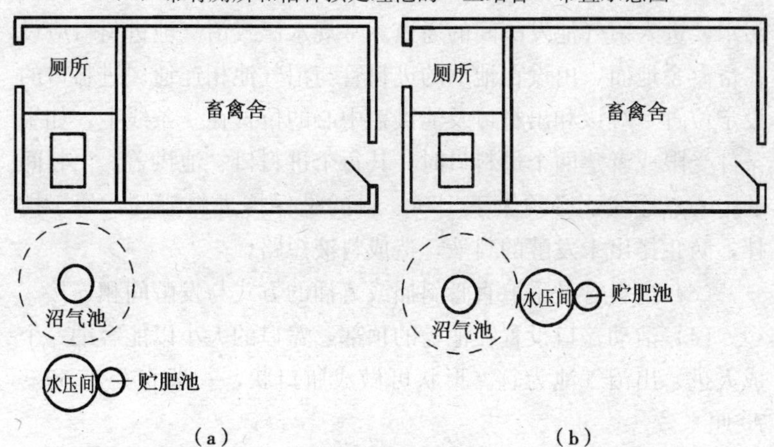


(B) 不带秸秆预处理池的“三结合”布置示意图

**图 2-9　“生态模式”沼气池布置示意图**

（2）为了方便沼气池的建造以及建好后的沼气池经久耐用，沼气池需要建在土质坚实、地下水位低的地点，尽量避免建于老沟、老坑、淤泥、杂填土、流砂等复杂地质条件的地方。

（3）为保持和增加池内温度，沼气池需建在向阳、避风之处。暖圈要坐北朝南，便于冬季采光，提高室温和池温。

（4）为了减少沼气压力在输送过程中的损失，水压式沼气池或储气浮罩与灶气用具（或厨房）的距离需控制在25米以内。

（5）在北方寒冷的地区，需将沼气池修建在冻土层以下。

3. 各功能部位的设计

（1）沼气池的进料管是新鲜发酵原料入池的地方，出料间是取出经过发酵后肥料的地方。如果进料管与出料间合在一起，在平时少量出料时，就把新入池的发酵原料取出使用，这既不能使新鲜原料得到充分发酵、产气，也不利于沉降、杀灭新鲜粪便中的寄生虫卵。因此，在修建沼气池时，进、出料间（管）一定要分开，并尽可能使它们安置在对称的位置上。

（2）进料管是把厕所、畜禽舍所收集的人、畜禽粪便及冲洗污水，进入沼气池发酵间的通道。常规水压式沼气池进料口应设在畜禽舍地面，由设在地下的进料管与沼气池相连通。进料口的设定位置，应该和出料口及池拱盖中心的位置在一条线上，如果条件受限或者建两个进料口时，其每个进料口、池拱盖、出料间的中心点连线，必须大于120°，目的是保持进料流畅，便于搅拌，防止排出未发酵的料液，造成料液短路。

（3）进料管是采取直管斜插或直插的方式与发酵间相连接。

（4）活动盖口设置在池盖的顶部，盖口的大小以能容纳一个成人进、出沼气池为宜。形状可做成瓶口状，一般直径为60～70厘米。

4. 管路系统设计

农村户用沼气池设计压力8千帕，池内最高压力为12千帕。

通常，沼气池在 8 千帕压力下工作，为了安全，管路系统要求的压力为 10 千帕，与沼气产品的耐压相同。

（1）管路敷设原则

①室外管路，按地下管方式进行施工。室内管路，按明管方式进行安装。

②连接管路的管件，应与管材同一材质，并应注塑成形，硬管管件各端为承口形式，软管管件均为附有密封节的插口。

③硬管管路的连接，除设计规定用螺纹接口，弹性密封接口或套接的以外，聚氯乙烯管路应按胶粘接口的要求进行连接，聚乙烯管路应按热熔接口的要求进行连接，软管管路一律采用套接。

④室外管路温度在 5℃以下时不宜接口操作。

⑤管路上各种装置应根据设计要求进行安装，不得随意改动，影响使用和整齐美观。

（2）管材的搬运和存放

①管材在搬运中应注意妥加保护，不得重压、抛掷，并防止受到冲击或表皮擦伤。

②管材存放地点应不受阳光照射，也不要靠近热源。

（3）室外管路设计：室外管路应采用地埋或高架敷设。

①南方地区管路埋设深度不得小于 0.2 米，北方地区管路埋设深度应在冻土层下 0.1 米，沿房舍高架敷设的管路应采取保暖措施。北方地区地埋深度有实践证明，与南方地埋深度一样也可以输送沼气。但必须有保护管路的保护沟槽，避免冻土对管路的挤压。

②管沟开挖不得破坏沟底原状土。管沟宽度以小为宜，沟底务必平整，并应设有 1%以上的坡度，不得露有尖锐石块。如遇挖掘过深或沟底土质松软，应用细土或黄砂回填或更换后夯实。

③沼气管路与其他地下管路或构筑物之间应有 10 厘米以上

的净距，不得直接接触、交叉或搁支。

④在地下水位较高地带，可预先将管子在沟旁地面进行连接，并气密试验合格，待管沟挖成后，即下入沟内，以免沟底受地下水泡浸变软，影响管路坡度。

⑤管段入沟后应随即覆土，以防重物或尖硬石块落入沟内损伤管子。回土时沟内如有积水应先抽干，然后用细土覆盖管子周围。分层回填结实，但不应使管子受到冲击。

⑥地下管引入室内时，应从外墙的地下部分穿入室内。在穿墙处管的上部须留有足够的空隙，以免房屋下沉压坏管路。

（4）室内设计：室内管路为硬管明敷。

①室内管路应安装在环境温度不超过40℃或不低于0℃，不受阳光照射和不受撞击的地点。

②管路应沿墙、梁或屋架敷设，不得腾空跨越或悬挂，并应牢固地用钩钉或管夹固定在房屋的构件上。固定点的间距：在水平管段上，硬管不大于0.8米，软管不大于0.5米；直立管段上均不大于1米。

③水平管段应有不小于千分之五的坡度。坡度向立管方向落水。必要时得在水平管段的最低点或直立管段的下部设置存水段便于排除该处积水。

④灯和灶附近的墙面应是耐燃的或用耐火材料加以保护。直立管段与明火的水平距离不少于50厘米。沼气灯与易燃顶棚的垂直距离应不少于1米。

⑤管路距离室内电线不得少于10厘米，距离生火的烟囱表面不少于50厘米。

⑥灶面距离地面为60～65厘米，连接灶具的水平管应低于灶面5厘米。

⑦吊灯光源中心距顶棚高度以75厘米为宜，距室内地平面为2米，距电线、烟囱为1米。沼气灯的开关距地面1.45米。

⑧沼气净化调控器：沼气净化调控器开关距离地面 1.25 米并使其与灶具水平位置错开 1 米左右。

（5）产品配合：输配气系统中各种管件的规格应与产品连接端口规格匹配。

（6）沼气输气管道系统中各种设备的安装串联顺序依次为总开关、气水分离器（集水瓶）、净化调控器（脱硫器、压力表）、三通、分开关、沼气灶和沼气灯。家用沼气池输气管路起点、沼气产品前应设置开关。

## 第三节　户用沼气池的配套设备

户用沼气池的池型、池容和位置确定以后，要根据沼气生产设备、沼气输配设备和沼气用具等三大部分进行相应的物品准备，以便建造沼气池和安装相应的设备。

### 一、沼气生产设备的准备

建造沼气池的材料多种多样，有水泥、砂子、石子、钢筋、石灰、砖和密封材料等。在选用建池材料时，即要保证建池质量，又要因地制宜就地取材，减少运输、降低成本。

#### （一）建池材料用量准备

常用的曲流布料、预制钢筋混凝土板装配、圆筒形、椭球形和分离贮气浮罩沼气池材料参考用量见表 2-1～表 2-5。

表 2-1 6～10 立方米曲流布料沼气池材料参考用量表

| 容积（立方米） | 混凝土 | | | | 池体抹灰 | | | 水泥素浆 | 合计材料用量 | | |
|---|---|---|---|---|---|---|---|---|---|---|---|
| | 体积（立方米） | 水泥（千克） | 中砂（立方米） | 碎石（立方米） | 体积（立方米） | 水泥（立方米） | 中砂（千克） | 水泥（千克） | 水泥（千克） | 中砂（立方米） | 碎石（立方米） |
| 6 | 2.148 | 614 | 0.852 | 1.856 | 0.489 | 197 | 0.461 | 93 | 904 | 1.313 | 1.856 |
| 8 | 2.508 | 717 | 0.995 | 2.167 | 0.551 | 222 | 0.519 | 103 | 1042 | 1.514 | 2.167 |
| 10 | 2.956 | 845 | 1.172 | 2.553 | 0.658 | 265 | 0.620 | 120 | 1230 | 1.792 | 2.553 |

表 2-2 6～10 立方米预制钢筋混凝土板装配沼气池材料参考用量表

| 容积（立方米） | 混凝土 | | | | 池体抹灰 | | | 水泥素浆 | 合计材料用量 | | | 钢材 | |
|---|---|---|---|---|---|---|---|---|---|---|---|---|---|
| | 体积（立方米） | 水泥（千克） | 中砂（立方米） | 碎石（立方米） | 体积（立方米） | 水泥（立方米） | 中砂（千克） | 水泥（千克） | 水泥（千克） | 中砂（立方米） | 碎石（立方米） | 12 号铁丝（千克） | ϕ6.5 钢筋（千克） |
| 6 | 1.840 | 561 | 0.990 | 1.690 | 0.489 | 197 | 0.461 | 93 | 851 | 1.451 | 1.690 | 18.98 | 13.55 |
| 8 | 2.104 | 691 | 1.120 | 1.900 | 0.551 | 222 | 0.519 | 103 | 1016 | 1.639 | 1.900 | 20.98 | 14.00 |
| 10 | 2.384 | 789 | 1.260 | 2.170 | 0.658 | 265 | 0.620 | 120 | 1174 | 1.880 | 2.170 | 23.00 | 15.00 |

表 2-3 6～10 立方米圆筒形沼气池材料参考用量表

| 容积（立方米） | 混凝土 | | | | 池体抹灰 | | | 水泥素浆 | 合计材料用量 | | |
|---|---|---|---|---|---|---|---|---|---|---|---|
| | 体积（立方米） | 水泥（千克） | 中砂（立方米） | 碎石（立方米） | 体积（立方米） | 水泥（立方米） | 中砂（千克） | 水泥（千克） | 水泥（千克） | 中砂（立方米） | 碎石（立方米） |
| 6 | 1.635 | 455 | 0.809 | 1.250 | 0.347 | 142 | 0.324 | 7 | 604 | 1.133 | 1.250 |
| 8 | 2.017 | 561 | 0.997 | 1.540 | 0.400 | 163 | 0.374 | 9 | 733 | 1.371 | 1.540 |
| 10 | 2.239 | 623 | 1.107 | 1.710 | 0.508 | 208 | 0.475 | 11 | 842 | 1.582 | 1.710 |

表 2-4　6～10 立方米椭圆形沼气池材料参考用量表

| 池型 | 容积（立方米） | 混凝土（立方米） | 水泥（立方米） | 砂（千克） | 石子（立方米） | 硅酸钠（千克） | 石蜡（千克） |
|---|---|---|---|---|---|---|---|
| 椭球AⅠ型 | 6 | 1.278 | 477 | 0.841 | 0.976 | 5 | 5 |
| | 8 | 1.517 | 566 | 0.998 | 1.158 | 6 | 6 |
| | 10 | 1.700 | 638 | 1.125 | 1.298 | 7 | 7 |
| 椭球AⅡ型 | 6 | 1.238 | 460 | 0.811 | 0.946 | 5 | 5 |
| | 8 | 1.465 | 545 | 0.959 | 1.148 | 6 | 6 |
| | 10 | 1.649 | 616 | 1.086 | 1.259 | 7 | 7 |
| 椭球AⅢ型 | 6 | 1.273 | 473 | 0.833 | 0.972 | 5 | 5 |
| | 8 | 1.555 | 578 | 1.091 | 1.187 | 6 | 6 |
| | 10 | 1.786 | 662 | 1.167 | 1.364 | 7 | 7 |

表 2-5　6～10 立方米分离贮气浮罩沼气池材料参考用量表

| 容积（立方米） | 混凝土 | | | | 池体抹灰 | | | 合计材料用量 | | |
|---|---|---|---|---|---|---|---|---|---|---|
| | 体积（立方米） | 水泥（千克） | 中砂（立方米） | 卵石（立方米） | 面积（立方米） | 水泥（立方米） | 中砂（千克） | 水泥（千克） | 中砂（立方米） | 碎石（立方米） |
| 6 | 1.47 | 396 | 0.62 | 1.25 | 17.60 | 260 | 0.20 | 656 | 0.82 | 1.25 |
| 8 | 1.78 | 479 | 0.75 | 1.51 | 21.21 | 314 | 0.24 | 793 | 0.99 | 1.51 |
| 10 | 2.14 | 578 | 0.90 | 1.82 | 25.14 | 372 | 0.28 | 948 | 1.18 | 1.82 |

注：本表系按实际容积计算，未计损耗；表中未包括贮粪池的材料用量。

### （二）建池材料要求

修建沼气池需要使用的建池材料主要有水泥、砖、料石、砂子、石子，还需要一些砼预制构件或选用其他成型材料做进、出料管、池盖等。

1. 水泥

（1）户用沼气池建造应优先选用325号和425号以上的硅酸盐水泥，也可以用矿渣硅酸盐水泥和火山灰质硅酸盐水泥等。

①普通硅酸盐水泥特性：和匀性好，快硬，早期强度高，抗冻、耐磨，抗渗透性较强。缺点是耐酸、碱等化学腐蚀性较差。

②矿渣硅酸盐水泥特性：耐热性好，水化热较低，耐硫酸盐类腐蚀，在潮湿环境中后期强度增长快。缺点是在低温下凝结缓慢，耐冻、耐磨、和匀性均较差，干缩变形较大。使用这种水泥建池时，应加强洒水覆盖养护，深秋施工注意保温。

③火山灰质硅酸盐水泥特性：耐水性强，水化热低，后期强度增长快，耐硫酸盐类腐蚀，和匀性好。缺点是早期强度较低，低湿时，强度增长很慢。所以，不宜在8℃以下施工。耐冻、耐磨性差，使用时应该注意加强洒水覆盖养护。

（2）水泥在贮存中能与周围空气中的水蒸气和二氧化碳作用，使颗粒表面逐渐水化和碳酸化，水泥强度逐渐下降。正常贮存3个月，水泥强度约下降20%，6个月下降30%，1年下降40%。建池时必须购买新鲜水泥，随购随用，绝对不能用结块水泥修建沼气池。因其他原因未能立即使用的，应注意防水、防潮，贮存在干燥、通风的库房中，地面上铺放木板和防潮物。

（3）建筑水泥进场应有出厂合格证或进场试验报告，并应对其品种标号、出厂日期等检查验收。

2. 砖

建沼气池主要用标号75或100号普通黏土红砖，要求外形规则，尺寸均匀，各面平整，没有发生变形，通常应无裂纹，断面组织均匀，敲击声脆，不能使用欠火砖、酥砖和螺纹砖。砖的标准尺寸为240毫米×115毫米×53毫米，建池时使用砖的几何尺寸可不受标准尺寸的限制。制作池盖用的砖要求棱角完整无缺，否则影响砌筑质量。

3. 砂子

砂子的颗粒愈细，则填充砂粒间空隙和包裹砂粒表面的水泥浆愈多，需用水泥较多。建池一般采用颗粒级配好的中砂，天然的河砂、海砂、山砂均可。这样大小颗粒搭配，咬接牢固，空隙小，既节省水泥，强度又高。要求质地坚硬、洁净，不含柴草等有机杂质和塑料等物，粒径为 0.35～0.5 毫米，含泥量不超过 3%，云母含量小于 0.5%。

4. 石子

由于沼气池池壁厚度为 40～50 毫米，要求石子的粒径不能超过池壁厚度的 1/2，所以适宜采用粒径小于 20 毫米的石子。石子有碎石和卵石，碎石颗粒表面粗糙，有棱角，与水泥黏结力大，但是孔隙率较大，所需填充的砂浆较多，混凝土的和易性小，施工时难于浇灌及捣实，碎石的强度需大于混凝土强度的 1.5 倍。卵石，也称砾石，建池主要使用粒径 10～20 毫米、软弱颗粒含量小于 10%的细卵石，针片状颗粒含量小于 15%，级配好后其空隙小、容重大。建池的石子要求干净，用水冲洗后泥土杂质等小于 2%，不含柴草、塑料等有机杂质，不宜使用风化碎石。可以综合考虑当地的实际情况，就地取材。

5. 钢筋

一般建造户用沼气池时，天窗口顶盖、水压间盖板需要部分钢筋，其他构件可不使用钢筋。但是，在土质松紧不均或者地基承载力差的地方，建池时需配置相应数量的钢筋。建沼气池常用直径为 4～40 毫米 HPB235 级钢筋（Q235 钢），使用时应清除油污、铁锈等，并矫直，末端的弯钩需按净空直径大于钢筋直径 2.5 倍做 180°的圆弧弯曲。

6. 石灰

石灰是一种气硬性无机粘接材料，由石灰岩经过高温煅烧而成，主要用于砌筑砂浆和密封砂浆的改性材料，掺入水泥浆中可以增加韧性、保水性及和易性。

在使用石灰前，要浇一定量的水使石灰熟化。在石灰熟化的过程中，加水较少时生成粉状的熟石灰，随着水量的增加，则成为石灰膏或者石灰浆。石灰熟化的速度与石灰的质量有关，过火的石灰表面存在玻璃质硬壳，不但熟化的速度慢，且未熟化的颗粒也较多。当未完全熟化的石灰用于混凝土或砂浆中时，由于石灰还在继续熟化，体积会膨胀，会导致混凝土出现裂缝或者造成局部脱落，严重影响建池的质量。欠火的石灰存在石灰石硬块，熟化后常有较多渣子。因此，在使用的过程中，石灰应过筛，且充分熟化，消除石灰中没有熟化的颗粒。此外，石灰能溶解于水，而埋于地下的沼气池长期处于潮湿的环境中，因此，石灰不能单独作为胶凝材料建造沼气池，作为改性材料也需控制使用量。建池石灰中碎屑和粉末通常要求不超过3%，煤渣、石屑等杂质不超过8%。

7. 砌筑砂浆

砌筑砂浆用于砖石砌体，其作用是将单个砖石胶结成整体，使砌体能均匀传递荷载；强度等级一般采用MU7.5（即75标号）。常用砌筑砂浆配合比见表2-6。

8. 抹面砂浆

抹面砂浆具有平整表面、保护结构、密封和防水防渗的作用。抹灰砂浆配合比见表2-7。

表 2-6　砌筑砂浆配合比

| 种类 | 砂浆标号及配合比（质量比） | 材料用量（千克/立方米） | | | 稠度（厘米） |
|---|---|---|---|---|---|
| | | 325 号水泥 | 石灰膏 | 中砂 | |
| 混合砂浆 | 25#（1 ∶ 2 ∶ 12.5） | 120 | 240 | 1500 | |
| | 50#（1 ∶ 1 ∶ 8.5） | 176 | 176 | 1500 | |
| | 75#（1 ∶ 0.8 ∶ 7.0） | 207 | 166 | 1450 | |
| | 100#（1 ∶ 0.5 ∶ 5.5） | 264 | 132 | 1450 | |
| 水泥砂浆 | 50#（1 ∶ 7.0） | 180 | | 1260 | 7～9 |
| | 75#（1 ∶ 5.6） | 243 | | 1361 | 7～9 |
| | 100#（1 ∶ 4.8） | 301 | | 1445 | 7～9 |

表 2-7　抹面砂浆配合比

| 种类 | 配合比（体积比） | L 立方米砂浆材料用量 | | | |
|---|---|---|---|---|---|
| | | 325 号水泥（千克） | 生石灰（千克） | 中砂（立方米） | 水（立方米） |
| 混合砂浆 | 1 ∶ 0.3 ∶ 3 | 361 | 58 | 0.906 | 0.352 |
| | 1 ∶ 0.5 ∶ 4 | 282 | 76 | 0.943 | 0.353 |
| | 1 ∶ 1 ∶ 2 | 397 | 214 | 0.665 | 0.390 |
| | 1 ∶ 1 ∶ 4 | 261 | 140 | 0.857 | 0.364 |
| | 1 ∶ 1 ∶ 6 | 195 | 105 | 0.977 | 0.344 |
| | 1 ∶ 3 ∶ 9 | 121 | 195 | 0.911 | 0.364 |

续表

| 种类 | 配合比（体积比） | L立方米砂浆材料用量 | | | |
|---|---|---|---|---|---|
| | | 325号水泥（千克） | 生石灰（千克） | 中砂（立方米） | 水（立方米） |
| 水泥砂浆 | 1 ∶ 1 | 812 | | 0.680 | 0.359 |
| | 1 ∶ 2 | 517 | | 0.866 | 0.349 |
| | 1 ∶ 2.5 | 438 | | 0.916 | 0.347 |
| | 1 ∶ 3 | 379 | | 0.953 | 0.345 |
| | 1 ∶ 3.5 | 335 | | 0.981 | 0.344 |
| | 1 ∶ 4 | 300 | | 1.003 | 0.343 |

9. 混凝土

混凝土是由水泥、砂石和水按适当比例拌和，经一定的时间硬化而成。在混凝土中，砂、石起骨架作用称为骨料；水泥浆包在骨料表面并填充其空隙。混凝土具有很高的抗压性，但抗拉能力很弱。因此，通常在混凝土构件的受拉区设钢筋以承受拉力。没有加钢筋的混凝土称素混凝土；加有钢筋的混凝土称钢筋混凝土。混凝土除具有抗压强度高和耐久性良好的特点外，其耐磨、耐热、耐侵蚀的性能都比较好，加之新拌和的混凝土具有可塑性，能够随模板制成所需要的各种复杂形状和断面。

采用手工拌和和捣固的普通混凝土配合比，见表2-8。

表 2-8　普通混凝土配合比

| 混凝土标号 | 石子粒径（厘米） | 材料用量（千克/立方米） | | | | 配合比（重量比） | 普通水泥标号 |
|---|---|---|---|---|---|---|---|
| | | 水 | 水泥 | 砂 | 石 | 水：水泥：砂：石 | |
| 100 | 0.5～2 | 180 | 220 | 680 | 1320 | 0.82：1：3.09：6.00 | 325 |
| 150 | 0.5～2 | 187 | 275 | 678 | 1260 | 0.68：1：2.46：4.59 | 325 |
| 150 | 0.5～2 | 187 | 249 | 688 | 1276 | 0.75：1：2.76：5.12 | 425 |
| 150 | 0.5～4 | 170 | 250 | 634 | 1346 | 0.68：1：2.53：5.38 | 325 |
| 150 | 0.5～4 | 175 | 234 | 637 | 1354 | 0.75：1：2.72：5.79 | 425 |
| 200 | 0.5～2 | 185 | 308 | 620 | 1287 | 0.60：1：2.01：4.18 | 325 |
| 200 | 0.5～2 | 185 | 284 | 658 | 1273 | 0.65：1：2.32：4.48 | 425 |
| 200 | 0.5～4 | 170 | 284 | 604 | 1342 | 0.60：1：2.13：4.73 | 325 |
| 200 | 0.5～4 | 171 | 255 | 622 | 1352 | 0.67：1：2.44：5.30 | 425 |

注：①人工拌制混凝土的方法是先用铁锹将砂子摊开，将水泥倒在砂子上，两人用铁锹相对干拌3次，混合均匀后在中心挖一凹形坑，倒入石子，再将2/3的水加入，两人用铁锹相对拌和，并继续加入剩余的1/3用水量，湿拌直至拌和均匀，使混凝土的颜色一致为止。

②用人工捣固或电动振动器捣固混凝土，均应全部捣出浆液，达到石沉浆出，边角等处尤应注意浇、捣密实，严防出现蜂窝麻面。

10. 密封材料

沼气池不漏水、不漏气是人工制取沼气对厌氧密闭发酵装置的主要要求。而目前沼气池的结构层大部分采用混凝土、砖、石等建筑材料，这些材料都存在相当数量的毛细孔道，所以，必须在结构层上罩以密封层，以确保使用要求。

目前，我国户用沼气池密封材料，主要采用纯水泥浆、水泥砂浆抹刷及建筑上用的密封材料等。

11. 沼气池进料管

进料管一般采用内径 20～30 厘米的水泥管或陶瓷管。

## 二、沼气用具

沼气用具又叫沼气燃烧器具，通过燃烧将沼气化学能转换为热能、光能，是沼气设备中最复杂、最重要的装置，它包括沼气灶、沼气灯、沼气压力表、沼气开关、直通、三通、输气导管，除此之外，还有沼气灯电子点火器、沼气气水分离器、沼气脱硫器、沼气热水器、沼气饭锅等。

1. 沼气灶

沼气灶是将沼气转化为热能的工具。

（1）沼气灶的组成：一般户用沼气灶主要由燃烧、供气、辅助及点火四个部分组成。

①燃烧器：燃烧器是灶具组成部分中最重要的部件。它是由调风板、喷嘴、一次空气入口、引射器及头部火盖等构成。通常沼气以一定的压力从喷嘴射出时，在其周围的空气形成负压而被吸入。在引射器内，约为 60%～70%的一次空气与沼气混合，然后从燃烧器头部火孔逸出，点燃后形成内焰；其余的沼气依靠扩散作用与周围的二次空气混合燃烧，形成外焰，火焰呈淡蓝色，在内外焰交界处的火焰温度最高。

②供气部分：供气部分包括沼气阀、输气管，沼气阀主要是用于控制沼气通路的关闭，经久耐用，密封性能可靠。

③辅助部分：辅助部分是指灶具的整体框架、锅支架、灶面等。简易的锅支架采用3个支爪，可120°上下翻动。较高级的双眼灶上都配有整体的支架，一面放平底锅，另一面放尖底锅。

④自动点火器：自动点火器多配在中、高档灶具上，其主要是利用点火装置产生的高电压，使两电极之间产生电火花将沼气点燃。目前，电火花点火按电源种类区分，主要有压电陶瓷火花点火和电脉冲火花点火两种。

（2）沼气灶的选用：选择户用灶具时，一定要购买经产品质检机构检验合格的产品，不要购买未经验的灶具或不合格灶具。

沼气是一种与天然气较接近的可燃性混合气体，但它并不是天然气，不可以用天然气灶来代替沼气灶，更不能用煤气灶及液化气灶改装成沼气灶用。因为各种燃烧气都有自己的特性，如成分、压力、含量、爆炸极限、着火速度各不相同，而灶具是根据燃烧气的特性来设计的，故不能混用。

沼气灶按材料分有铸铁灶、搪瓷面灶、不锈钢面灶；按燃烧器的个数分有单眼灶、双眼灶（见彩图1（a））。用户根据自己的经济条件、沼气池的大小以及沼气灶的用途来选择沼气灶。若沼气池较大、产气量高，可选择双眼灶。一般铸铁面的双眼灶具价格比较低，比较适用；最好选择脉冲点火或者电子点火不锈钢灶面的双眼灶，使用方便，且美观。若发酵原料少，沼气池产气量少，而使用沼气的目的仅在于一日三餐做饭，即可选用单眼灶。

（3）沼气灶的质量要求：沼气产品中使用量最多的沼气灶有其国家标准和行业标准，若没有国家标准和行业标准的产品，也需要有生产企业的企业标准。因此，可按标准来判断沼气用具的质量。

①沼气灶的质量要求

Ⅰ. 沼气灶上应有铭牌，包括制造单位、灶具型号、名称、使用额定压力、额定热负荷及生产日期等。

Ⅱ. 灶具必须附有安装及使用说明书，包括使用方法、安全注意事项、保养方法等。

Ⅲ. 结构坚固、耐用，严密不漏气；燃烧器内壁、外表应光滑、无毛刺。

Ⅳ. 沼气灶的开关以及调风板应调节灵活，易操作，且一经定位后不应自由松动。

Ⅴ. 沼气灶装配后需保证喷嘴与混合管同心。

Ⅵ. 沼气灶的锅支架能稳固支承炊事用具，并且无变形。

Ⅶ. 沼气灶的外表及内部应便于清扫和维修。

Ⅷ. 带开关的沼气池，在 10 兆帕（1000 毫米水柱）的压力下，不漏气。

②高效沼气灶的特点

Ⅰ. 燃烧器的炉头（内腔）比其他灶大。

Ⅱ. 火盖板的燃烧面积比其他灶多。

Ⅲ. 燃烧器的喉管（进气进风管）比其他灶粗。

Ⅳ. 在气压降到 0.5 兆帕时还能正常燃烧。

2. 沼气灯

沼气灯是把沼气转变为光能的一种燃烧装置，是利用沼气纱罩在沼气的高温燃烧中发生的光来照明的用具，有吊式（见彩图 1（b））和台式两种。

（1）沼气灯的结构和发光原理：沼气灯是由喷嘴、引射器、泥头、纱罩、玻璃灯罩、反光罩等组成。沼气灯的燃烧属于无焰燃烧。当沼气从较小的喷嘴以较高的压力喷出时，引射了燃烧所需要的全部空气，在混合管内进行充分的混合，然后从泥头上的许多小孔流出，燃烧时只见极短的清晰的蓝色火焰。如果在泥头上套预先浸有硝酸钍溶液的纱罩，它在高温下氧化成氧化钍，从而产生强烈的白光。

（2）沼气灯的正确使用：有了性能好的沼气灯，能否用较少的沼气获得最佳的照明效果，在使用中还要注意以下几点。

①根据沼气池夜间经常达到的气压来选择不同额定压力的沼气灯。如果压力超过额定压力太多，虽然灯较亮，但是耗气量加大，而且也很容易将纱罩冲破。所以，对于水压式沼气池必须安装开关，用来控制沼气灯前压力。

②选购沼气灯时，应检查喷嘴孔是否偏斜，喷嘴装在引射器上是否同心。

③沼气灯的悬吊高度以距地面1.9米为好，过高不易点火和调节，过低妨碍人们在室内活动。

④选购与沼气灯配套的纱罩。沼气灯使用前应先烧好新纱罩。新纱罩烧得好坏可直接影响到沼气灯的照度和发光效率。因此，农户是否正确烧好新纱罩是用好沼气灯关键。

农户可根据沼气灯额定压力的大小，选择纱罩，额定压力800帕的沼气灯选配200支纱罩，额定压力1600帕及2400帕的沼气灯选配150支纱罩。

第一次使用前先将纱罩拉直。松开口，套在沼气灯泥头上，均匀地捆紧，将纱罩口的绉褶分播均匀，把过长的扎口线剪除。打开开关开通沼气将灯点燃，让纱罩全部着火燃红后，慢慢地升高或后移喷嘴或开大风门，以调节空气的进风量，使沼气、空气配合适当，猛烈燃烧，在高温下纱罩会自然收缩最好发出“乓”的一声响，发出白光即成。燃烧纱罩时，沼气压力要足，烧出的纱罩才饱满发白光。

烧好后的纱罩要进行保护，避免碰撞和震动，也不要用手摸。因为纱罩燃烧后，人造纤维被燃掉了，剩下的是一层二氧化钍白色网架，二氧化钍是一种有害的白色粉末，一触就会破碎。

3. 室内、外输气管

输气导管是保证沼气池生产的沼气能顺利地送到沼气灶或沼

气灯去燃烧的通道。

（1）常用材质：输气管道的材质有软塑料管道和硬塑料管道两种，目前多采用U-PVC沼气专用管。

（2）管径：输气管内径的大小要根据沼气池的池型、沼气池到沼气用具的距离、沼气量的大小和允许的管道压力损失来确定。若沼气池容积大，用气量大，用气距离较远则输气管的内径就应大一些。通常农户使用的沼气池输气管的内径以0.8～1.0厘米为宜。管径小于0.8厘米沿程阻力较大，在压力小于灶具（灯具）的额定压力时燃烧效果就差。同时，输气管的内径要与开关、三通、接头、压力表等管配件和沼气用具配套，否则，在使用时容易漏气。输气管管径一般可以按表2-9来进行选择。

**表2-9　输气管管径**

| 池型 | 管路 | 管长（米） | 管径（毫米） | |
|---|---|---|---|---|
| | | | 软管 | 硬管 |
| 水压式 | 池子到1个灶 | 10～20 | 8 | 10 |
| | 池子到2个灶 | 10～20 | 12 | 15 |
| 浮罩式 | 浮罩到外墙入口 | 20 | 14 | 15 |
| | 外墙入口到罩 | 6 | 14 | 15 |

4. 管道配件

管道配件主要有导气管、直通、三通、四通、异径接头、弯头、开关、线卡等。

（1）导气管：导气管是指安装在沼气池顶部或者活动盖上面的出气短管。要求耐腐蚀，具有一定的强度，内径8～16毫米。常用的材质为铜管、镀锌管、ABS工程塑料、PVC塑料等。

（2）管件：沼气管件包括直通（接头）、三通、弯头、异径接头（见彩图1（c））和管卡等。一般为硬塑料制品，管件都已经标准化，使用时根据管径直接选用，要求所有管接头的管内畅通，无毛刺，具有一定的机械强度。对于软塑料或半硬塑料管，选用的管件端部都有为防止塑料管松动或脱落的密封节，并且具有一定的锥度。硬塑料管接头采用承插式胶结黏结，内径与管径相同。对于钢管，根据管道内径直接选用标准管件即可。异径接头要求与连接部位的管径一致，以减小间隙，防止漏气。

（3）开关：沼气开关的作用是开通或关闭沼气输送通道，同时可调节沼气流量的大小。它是输气管道上的重要部件，必须坚固、严密、启闭迅速、灵活、检修方便。开关的材料分为塑料和金属两大类。

塑料开关（见彩图 1（d、e））通常采用压输气管的压紧程度来控制沼气流量，完全将输气管压死，是关的状态；输气管完全松开，是开的状态，也是沼气输送量最大的状态。由于沼气输气管不容易压紧，通常采用乳胶管，但是，乳胶管不耐腐蚀，又易老化，使用几个月，就出现开裂、粘连等现象，有可能漏气，不安全。

由于以上原因，塑料开关已逐渐被金属开关所代替。金属开关可用钢、铜、铝等材料制作。利用带开孔的圆锥形塞芯或球芯的转动来启闭，操作简单，动作迅速。在选用这些开关时，应选旋塞孔径大于 6 毫米，同时要求旋塞孔与进出口同心，开关开启时，手感应灵活自如。

每个灶或灯具前装一个开关是比较合理、安全的。有的用户在导气管后装总开关，管道分叉处都装开关，这种做法完全不必要。每多装一个开关，不仅多花钱，而且开关与输气管接头越多，输气管漏气的机会就越多，同时，沼气压力损失也越大，容易造成沼气的灶前压力达不到灶具的设计要求，会影响点火，降低沼气灶具的热效率和热流量，达不到沼气应有的使用效果。

5. 酸度测试工具

有一种专门测试酸碱度的试纸，将这种试纸条在沼液里浸一下，将浸过的纸条与测试酸碱度的标准纸条比较，浸过沼液的纸条上的颜色与标准试纸上的颜色一致的便是沼气池料液的酸碱度数值，即 pH 值。也可以购买 pH 值测试笔（见彩图 1（f））。

6. 抽提装置

农村户用沼气池必须安装的抽提装置。抽提装置除设置活动式沼气池抽提筒（图 2-10）外，安装在厕所内的要采取固定形式（图 2-11）。

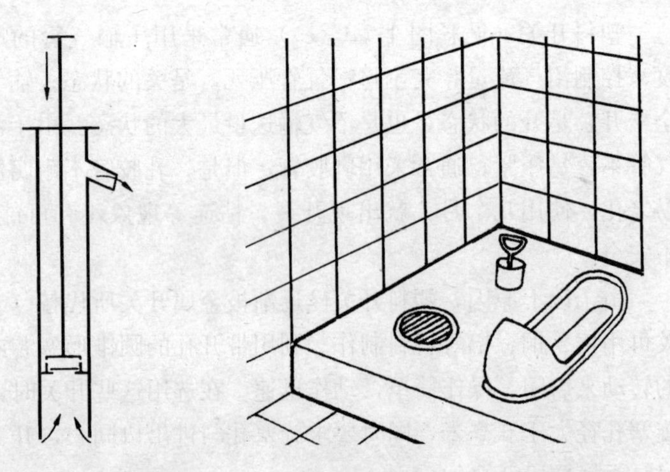

**图 2-10　活动式抽提筒**　　**图 2-11　厕所内的固定式抽提筒**

活动式抽粪筒可以自制，一般直径为 100～120 毫米、长 1.5～2.0 米（视沼气池深度而定）的硬质聚氯乙烯管，内套一个带有橡皮垫活门的活塞及其铁拉杆组成，既可抽取池内的粪渣液，也可做池内发酵液的搅拌器。固定形式的抽提筒与活动式的原理相同，只是直径和长度根据需要设置即可。

（1）活动式抽提筒的优点：除可抽取池内的沼液外，也可做池内发酵液的搅拌器。

（2）安装冲厕抽提装置有以下两大优势。

①抽提沼液冲洗厕所、圈舍，可将人畜粪便及时冲进沼气池内发酵，减少蚊虫、蝇蛆及病菌的滋生与危害，防止臭气污染环境，改善农村环境和提高农民生活质量。

②利用沼液冲洗厕所、圈舍，使沼气池内的沼液循环回流，发酵原料得到充分搅拌，可大大提高产气率。

7. 其他

根据需要购置沼气热水器和沼气饭锅等。

## 三、沼气输配设备

沼气输配系统的主要作用是对沼气进行净化，排除沼气中的水；脱除沼气中的硫化氢后使硫化氢含量达到每立方米不超过20毫克的国家标准规定；调节沼气的使用压力；将净化合格沼气畅通、安全地输送到每一个沼气用具处，满足不同的使用要求。

沼气输配设备包括集水器、脱硫器、压力表、沼气调控净化器、输气管道、管卡、管箍、三通、弯头、直接等配套件。

1. 集水器

集水器（见彩图1（g））也叫集水瓶、气水分离器，是用于清除和收集输气管中积水的装置。对于水压式沼气池，由于气压高，常采用“T型凝水器”。凝水管长度和直径视安装场所的空间而定；对于浮罩式沼气池和半塑式沼气池，由于气压低，常采用“瓶型凝水器”。

集水器可以直接购买成品，也可以采用简单的材料自己制作。自己制作时，浮罩式沼气池的集水瓶一般为25～30厘米高的广口玻璃瓶；半塑式沼气池的集水瓶一般为12～15厘米的高广口玻璃瓶，瓶子的直径一般为10厘米左右，一般容积不得小于1.6升。然后取一个与瓶口大小相配的橡胶塞，在橡胶塞上用电钻打两个直径为8毫米（或与输气管内径一致）的孔，两个孔内都插入外径与孔径一致的玻璃管，用橡胶塞塞紧玻璃瓶，两根玻璃管分别与输气管连接，当瓶中的积水接近玻璃管下端时，关闭集水器前的总开关，打开瓶塞，将水倒出，重新塞紧后使用。

2. 沼气调控净化器

沼气调控净化器（见彩图1（h））既可检测沼气压力，又可脱出沼气中的硫化氢。沼气调控净化器由后盖、旋钮开关、连接管、压力表、脱硫器、前盖等组成。在常温下含有硫化氢的沼气从进气口进入脱硫器，通过脱硫剂床层，沼气中的硫化氢与脱硫剂即活性氧化铁接触，发生反应生成硫化铁和亚硫化铁，脱硫后沼气从两个出气口出来，一个进入压力表，另一个进入输气管道。调节旋钮开关的开度，可调节沼气的大小和压力。

## 四、施工工具

建造户用沼气池时常用的施工工具有卷尺、麻绳、抹子（包括圆头抹子、尖头抹子、平头抹子）、瓦刀、铲子灰板、刷子及站人用木板或竹排等。

# 第三章 沼气池的建造与猪舍的建造

建造一个户用沼气池，10 天左右即可完成，而管理工作则是长期的，可以说将伴随人的一生，但要实现“轻松管理”，还要在“建”字上下功夫。

农村户用沼气池是生产和贮存沼气的装置，它的质量好坏，结构和布局是否合理，直接关系到能否产好、用好、管好沼气。建造一座结构合理、便于管理的沼气池，则可以大大减少人们的日常管理工作，实现“轻松管理”。反之，则会加重或增加管理工作的难度，甚至由于烦人的管理工作让人最终放弃沼气池的使用。

无论选用何种生态农业模式，施工顺序都是先建沼气池，而后建畜禽舍、厕所，最后建暖棚。因为沼气池是在畜禽舍地面以下，在施工中将有大量的土方要放在地面上，如果是先建猪舍，放土方或施工场地小，将会影响施工；另一方面沼气池的进料口、进料管、输气管等设施，都要建在畜禽舍地面和地面内，只有建完沼气池才能建地面的设施，以便沼气池与畜禽舍、厕所衔接和配套。

## 第一节 沼气池的建造与验收

沼气池是“猪—沼—果（菜、粮）”生态模式的核心部分，技术性强，质量标准高，设计是否合理，是直接影响到“猪—沼—果（菜、粮）”生态模式整体效益发挥的关键。为此，首先要做好建池的设计与规划工作，以防止盲目施工造成损失浪费。

根据多年来研究试验和生产实践经验，建设与“猪—沼—果（菜、粮）”生态模式配套的沼气池必须在满足生态模式生产和发酵工艺要求的前提下，兼顾肥料、环境卫生和种植业、养殖业的管理，充分发挥沼气池的综合效益。

## 一、建池地址与时间的选择

### 1. 建池地址的选择

关于选择沼气池建造地址问题，要从以下几方面来考虑。

（1）应考虑“三结合”问题，即沼气池的建造同农户家的厕所和畜禽舍相结合，做到科学规划、合理布局，使人畜禽粪便能及时流入沼气池，达到经常进料和改善农村环境卫生的目的。

（2）为了方便沼气池的建造以及建好后的沼气池经久耐用，建造沼气池的位置应选在地下水位低、地质较坚实均匀、远离高大树木（避免树根生长对沼气池的影响）和公路的地方。

（3）为了节省建池用地，充分利用太阳热量，达到冬季保温，增加产气的数量，沼气池要建造在畜禽舍的下面，并采用背风向阳、坐北朝南的位置。

（4）为便于沼气池日常的运行管理和沼气的使用，沼气池与厨房之间距离应控制在25米以内。

### 2. 建池时间的选择

（1）沼气池的发酵速度、产气率与温度变化成正比关系。我国地理位置处在北半球，春、夏季（上半年）气温逐渐升高，沼气池中厌氧细菌逐渐活跃，沼气池发酵旺盛，新池发酵启动比较快，产气率高。而秋、冬（下半年）由于气温由高逐步降低，发酵由旺转缓。因此，从季节气温的升降看，应选择气温较高的春、夏季建池最好。

(2) 从春、夏和秋、冬季的降雨和地下水位升降的规律来看，前者雨水较多，地下水位升高，低洼地区建池有一定困难，而秋、冬季节恰恰相反。所以，在低洼地区应选择下半年建池较好。

(3) 从建材价格涨落情况看，上半年建池价格要比下半年低。因此，从经济角度来考虑，在上半年建池比较合算。

综合以上分析，选择上半年建池比较合适，但地下水位较高的地区、村落，宜采用分期施工的方法，即上半年做好规划，下半年挖坑建池。

## 二、沼气池施工安全

目前农村建户用沼气池，地下建池挖坑深度都在 2 米以上，如果不重视安全操作，极易发生安全事故。所以，在建池施工过程中，须注意施工安全。

### 1. 池址远离公路和建筑物

由于沼气池挖得较深，要求四周池墙压力均衡，如果离公路太近，不但会破坏路基，而且车辆通过时也会振动损伤沼气池和压伤沼气池；离居住房屋等建筑物太近，对建筑物和沼气池本身均会造成长远影响和安全隐患。所以，在老宅和路边建池，要求距屋墙 2 米以上，路边 4 米以上；如果是新建住宅，则可以统一规划，处理好沼气池与房屋、厕所、猪舍的关系，防患于未然。

### 2. 防止塌方

沼气池开挖时，特别是地下水位较高或雨季开挖施工，要根据土质情况，挖沼气池坑时采取相应的开挖方式。土质好的地方，可以直壁开挖，但不能挖成出檐池墙；如果是土质疏松的地方，如淤泥质土、松软土、砂土等开挖施工，挖坑时必须留一定坡度，并采取一定的加固措施，以免造成塌方，砸伤施工人员。

雨季施工要在池坑的周围挖好排水沟，避免雨水淹垮池壁。

3. 建池防砸伤

在挖池坑时，挖出的土要远抛，防止堆积于池口边缘，以防人员滑入池口摔伤；建池时所用的砖石、工具等物料，也不能放置在池坑口边缘，以免这些物品落入池内，砸伤池内施工人员。

4. 严格施工操作规程

（1）施工所用电线不得裸露，电器也要按电业操作规程进行操作，以免发生漏电及触电事故。

（2）施工时搭建的脚手架、出料滑轮等，都要绑扎结实，避免落架，断裂伤人；施工人员必须戴上安全帽，方能进入池内施工。

（3）在模具安装拼接过程中，尤其是池盖模板拼接拆卸要严格按照说明要求规范操作，施工人员必须戴上安全防护帽，防止出现模板掉落伤人事故。

（4）建造沼气池所用的砖石、灰料或水泥、混凝土等，一定要按照工程标准，选料配比；砖石结构砌块的灰缝要抹严、抹实，现浇结构也要有科学的养护措施，达到70%强度后方能拆掉模板，绝不能图省事，偷工减料，给工程造成质量隐患。

（5）实践中往往出现池体内现浇养护期内不注意保护，造成池体损伤的现象。如池体强度达不到养护标准提前拆除模具；养护期内沼气池拱盖上部堆放过重物品；未达到养护期的沼气池提前进料、启动，胀裂池体；池体现浇后不进行潮湿养护，空池暴晒造成池体胀裂、泄漏等。这些现象不同程度地要造成池体损伤，影响沼气池的安全运行和使用寿命。因此在建池过程中，要克服重建轻养的思想，严格按照技术要求和操作步骤完成全部养护，提高池体强度，延长使用寿命。

（6）回填土夯砸时，要用力适度、均匀，避免用力过大，造成池顶受伤。

（7）未达到保养期的沼气池，不要进料封池，以免沼气胀力损伤池体。

（8）严禁用焦煤、木炭烘烤池壁，防止发生缺氧和煤气中毒事故。

5. 设置障碍标志，并及时加盖

农村户用沼气池大多建在房前屋后，因此在挖池坑和建池的过程中，工地周围需要设警示标志或护栏；沼气池建成后，进出料口、天窗口一定要加盖水泥预制板或木板，防止小孩或牲畜掉进池内，造成人畜伤亡；养护期间，进出料口和天窗口除用木板等物盖好外，还要用塑料膜等盖严，以免雨水淋进或流入池中；废弃的池坑要及时填埋，如果仍作为粪池使用，也要盖好活动盖口和进出料管口，防止事故发生。

6. 防止机械类工伤

在施工过程中，若采用机械设备，要严格机械施工操作规范，如各类电机应安装安全防护罩等，防止机械类工伤的发生。

7. 塌方的急救

如在建池时发生施工池坑塌方压人事故时，应首先将被压人头上的土方掀开，然后迅速将被压人周围的土方翻开，救出被压人员尽快送医院治疗；救人时如果池坑周围出现裂缝应用门板等进行支撑固定，防止发生连续伤人事故。

## 三、沼气池的施工

### （一）施工图纸

我国科研人员已于1984年由原国家标准局批准发布了GB4750—4752-84《农村户用水压式沼气池标准图集》、《农村户用水压式沼气池质量检查验收标准》和《农村水压式沼气池施工操作规程》。

经过多年的实践，随着我国农村经济的快速发展和对沼气综合利用的更大需求，对原有农村户用沼气池的功能、构造、部件和施工工艺都提出了新的要求。为此，我国有关单位又对原图集的内容进行修订和补充，于 2002 年 7 月国家质量监督检验检疫总局发布了 GB/T4750—2002《户用沼气池标准图集》、GB/T4751—2002《户用沼气池质量检查验收规范》和 GB/T4752—2002《户用沼气池施工操作规程》，并替代 GB4750—4752-84 标准。农户可以根据发酵原料和家庭人口的多少等情况，确定建造多大的沼气池，按该标准的图纸要求施工建造和验收。

除预制钢筋混凝土板装配沼气池按厂家的装配要求外，曲流布料沼气池标准图见图 3-1～图 3-9，圆筒形沼气池标准图见图 3-10～图 3-15，椭圆形沼气池标准图见图 3-16～图 3-19，分离贮气浮罩沼气池标准图见图 3-20～图 3-32。材料图例见表 3-1。

**表 3-1　材料图例**

| 图例 | 说明 | 图例 | 说明 |
|---|---|---|---|
| | 素土夯实 | 1 | 详图号，数字表求详图编号 |
| | 砖 | 6 | 详图索引，线上方数字表示详图编号；线下方“—”表求该详图在本页，线下无数字表示详图在本节的施工图纸中 |
| | 混凝土 | 6 - | |
| | 钢筋混凝土 | 1 5 | 表示几个相同部分的索引 |

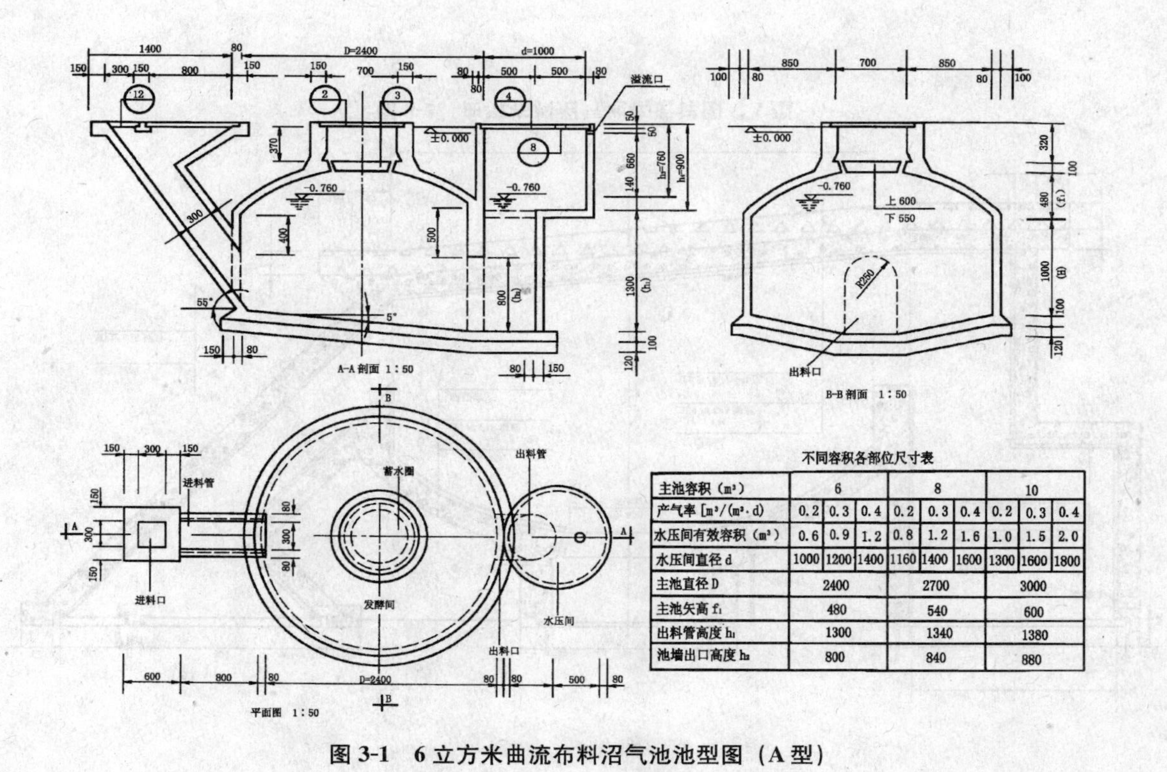


不同容积各部位尺寸表

| 主池容积（m³） | 6 | | | 8 | | | 10 | | |
|---|---|---|---|---|---|---|---|---|---|
| 产气率 [m³/(m³·d) | 0.2 | 0.3 | 0.4 | 0.2 | 0.3 | 0.4 | 0.2 | 0.3 | 0.4 |
| 水压间有效容积（m³） | 0.6 | 0.9 | 1.2 | 0.8 | 1.2 | 1.6 | 1.0 | 1.5 | 2.0 |
| 水压间直径 d | 1000 | 1200 | 1400 | 1160 | 1400 | 1600 | 1300 | 1600 | 1800 |
| 主池直径 D | 2400 | | | 2700 | | | 3000 | | |
| 主池矢高 $f_1$ | 480 | | | 540 | | | 600 | | |
| 出料管高度 $h_1$ | 1300 | | | 1340 | | | 1380 | | |
| 池墙出口高度 $h_2$ | 800 | | | 840 | | | 880 | | |

图 3-1 6 立方米曲流布料沼气池池型图（A 型）

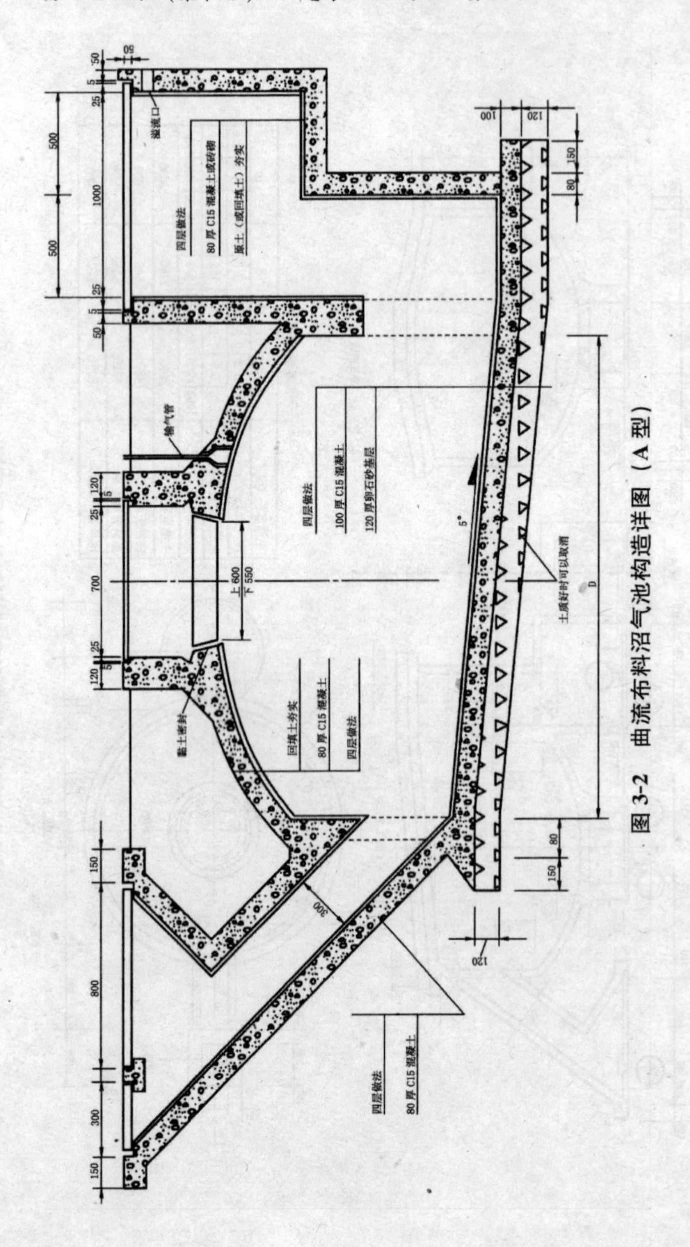


图 3-2　曲流布料沼气池构造详图（A 型）

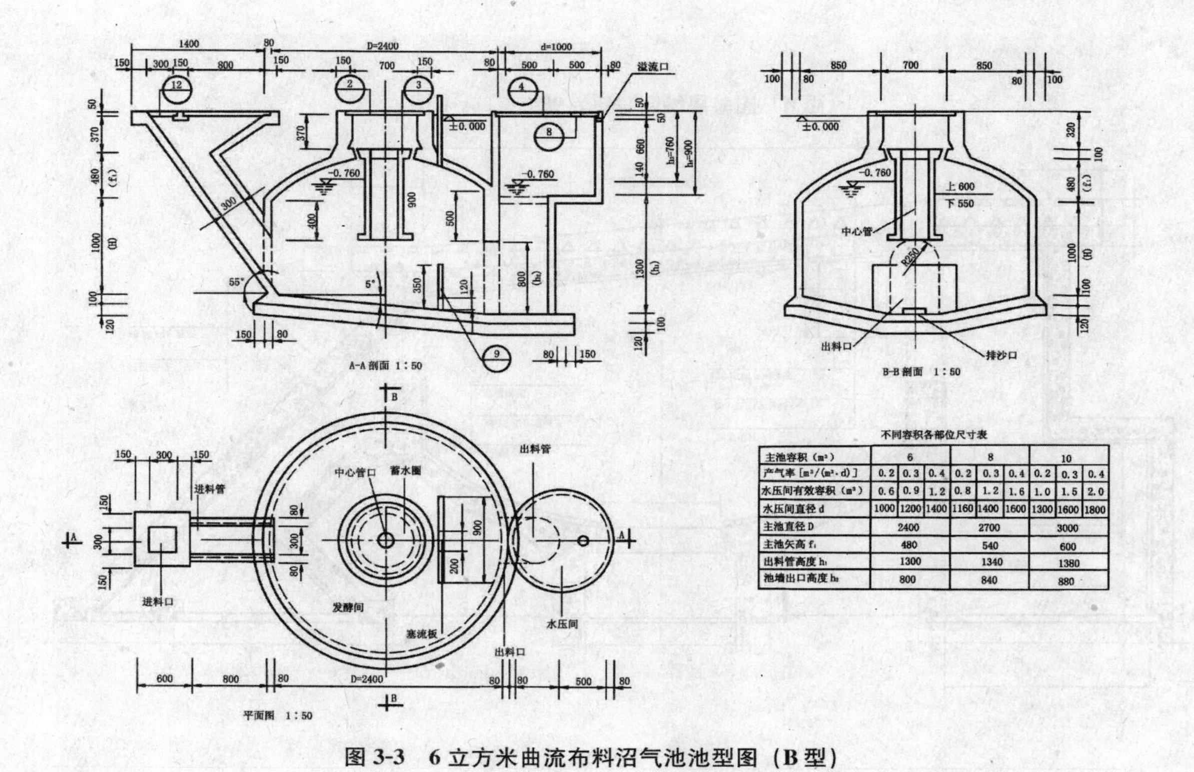


不同容积各部位尺寸表

| 主池容积（m³） | 6 | | | 8 | | | 10 | | |
|---|---|---|---|---|---|---|---|---|---|
| 产气率 [m³/(m³·d)] | 0.2 | 0.3 | 0.4 | 0.2 | 0.3 | 0.4 | 0.2 | 0.3 | 0.4 |
| 水压间有效容积（m³） | 0.6 | 0.9 | 1.2 | 0.8 | 1.2 | 1.6 | 1.0 | 1.5 | 2.0 |
| 水压间直径 d | 1000 | 1200 | 1400 | 1160 | 1400 | 1600 | 1300 | 1600 | 1800 |
| 主池直径 D | 2400 | | | 2700 | | | 3000 | | |
| 主池矢高 $f_1$ | 480 | | | 540 | | | 600 | | |
| 出料管高度 $h_1$ | 1300 | | | 1340 | | | 1380 | | |
| 池墙出口高度 $h_2$ | 800 | | | 840 | | | 880 | | |

图 3-3　6 立方米曲流布料沼气池池型图（B 型）

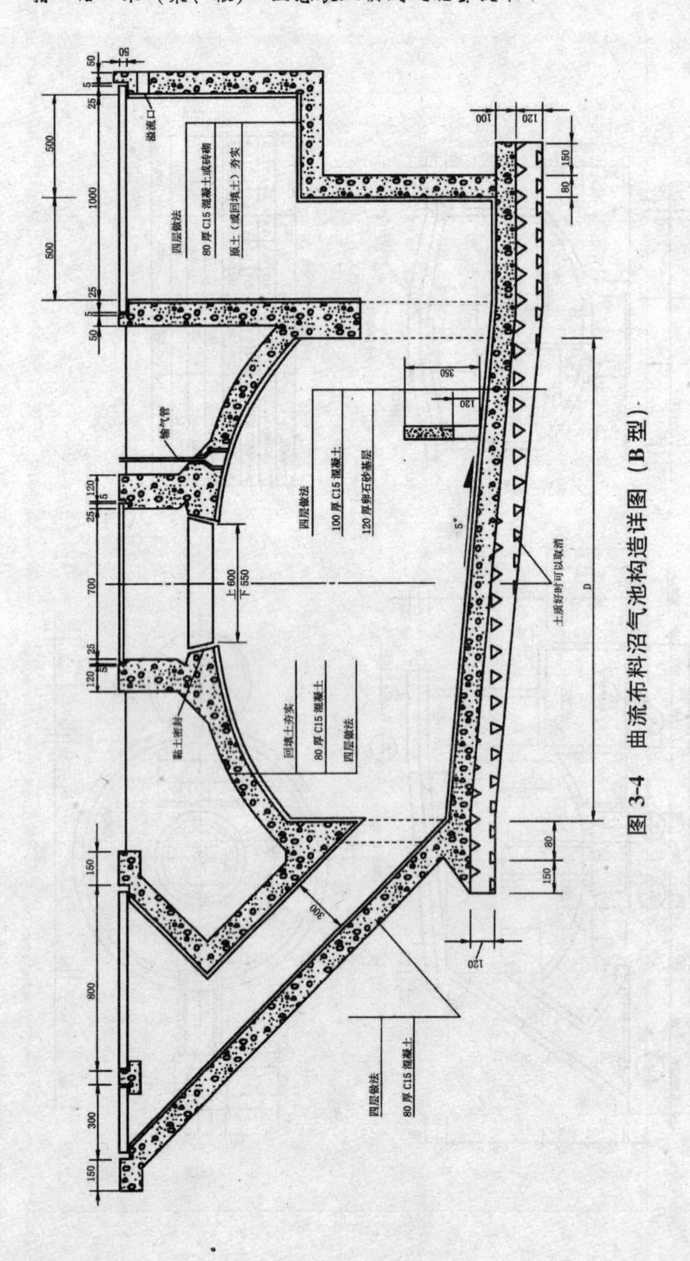


图 3-4　曲流布料沼气池构造详图（B型）

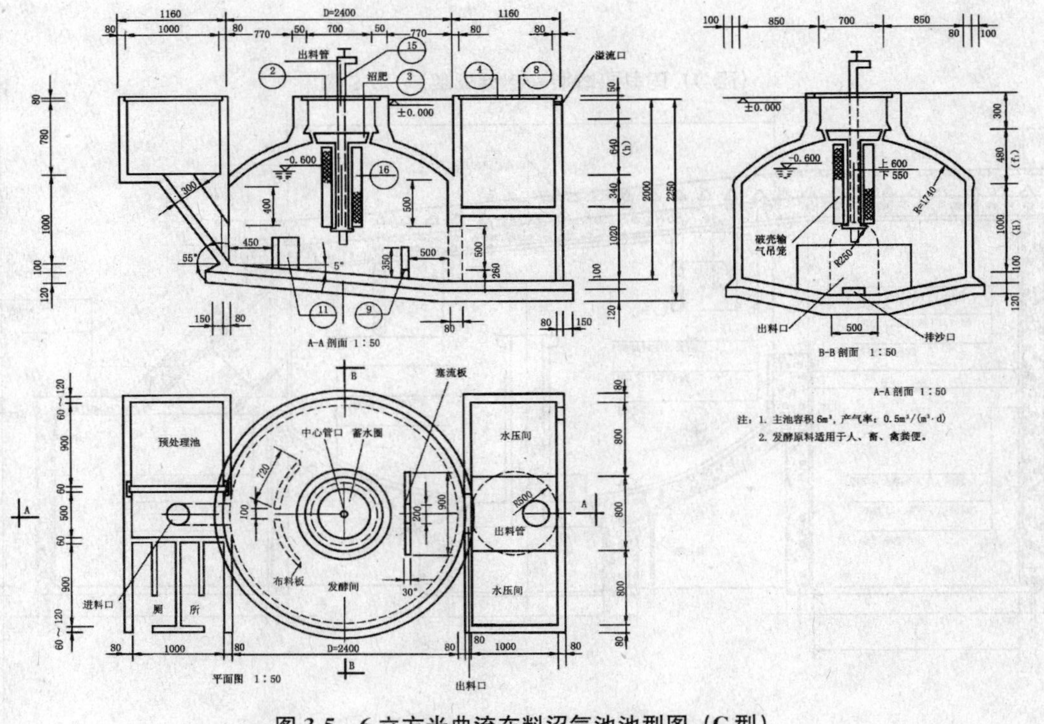


图 3-5　6 立方米曲流布料沼气池池型图（C 型）

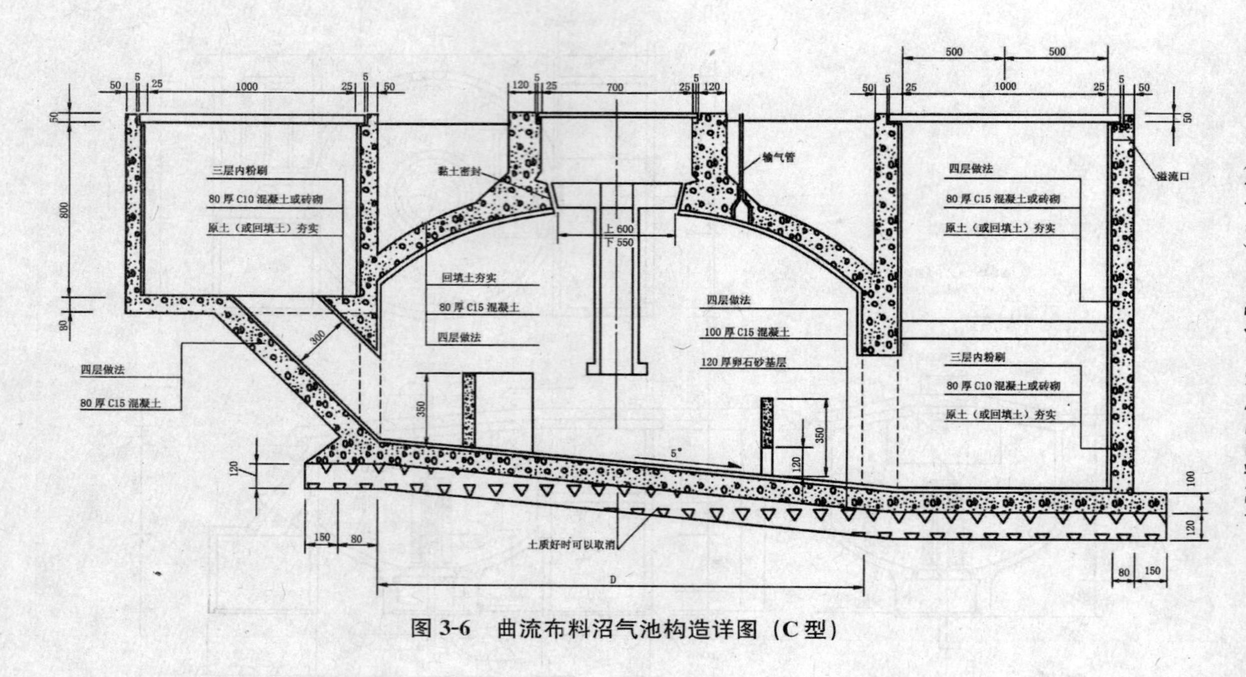


图3-6　曲流布料沼气池构造详图（C型）

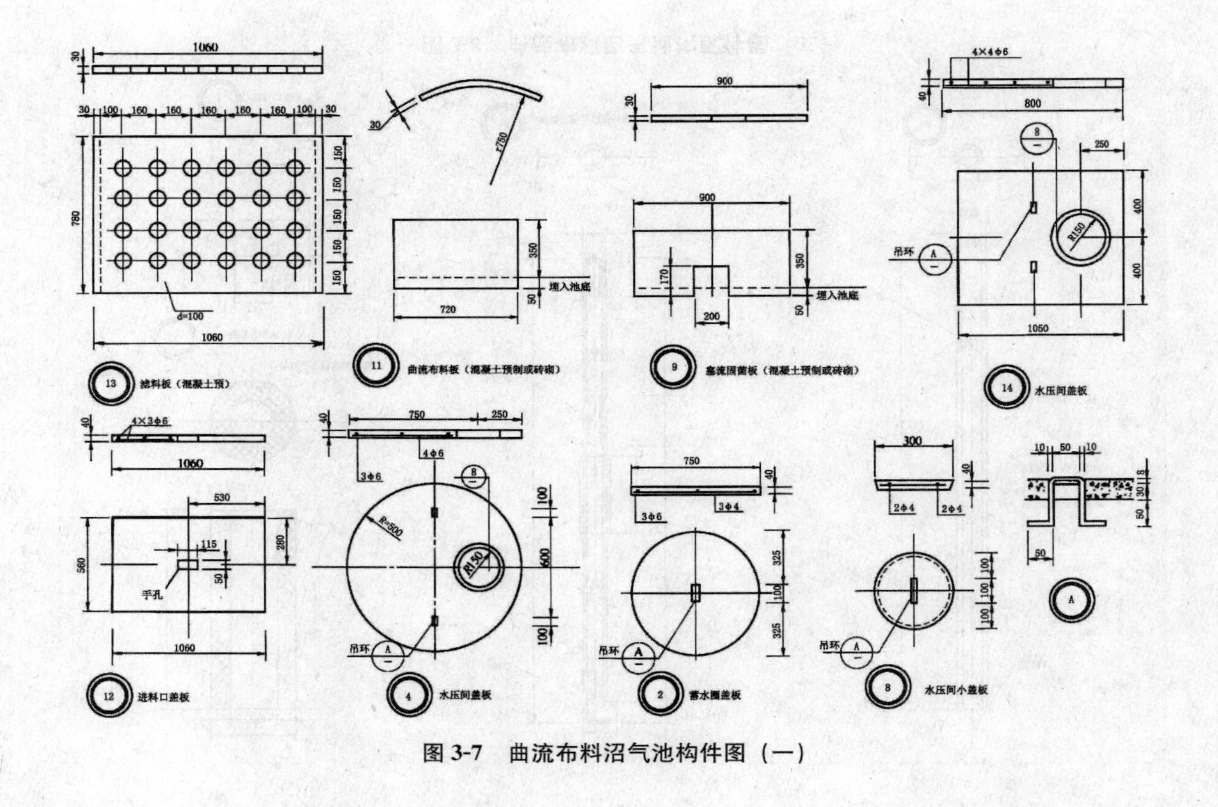


图 3-7　曲流布料沼气池构件图（一）

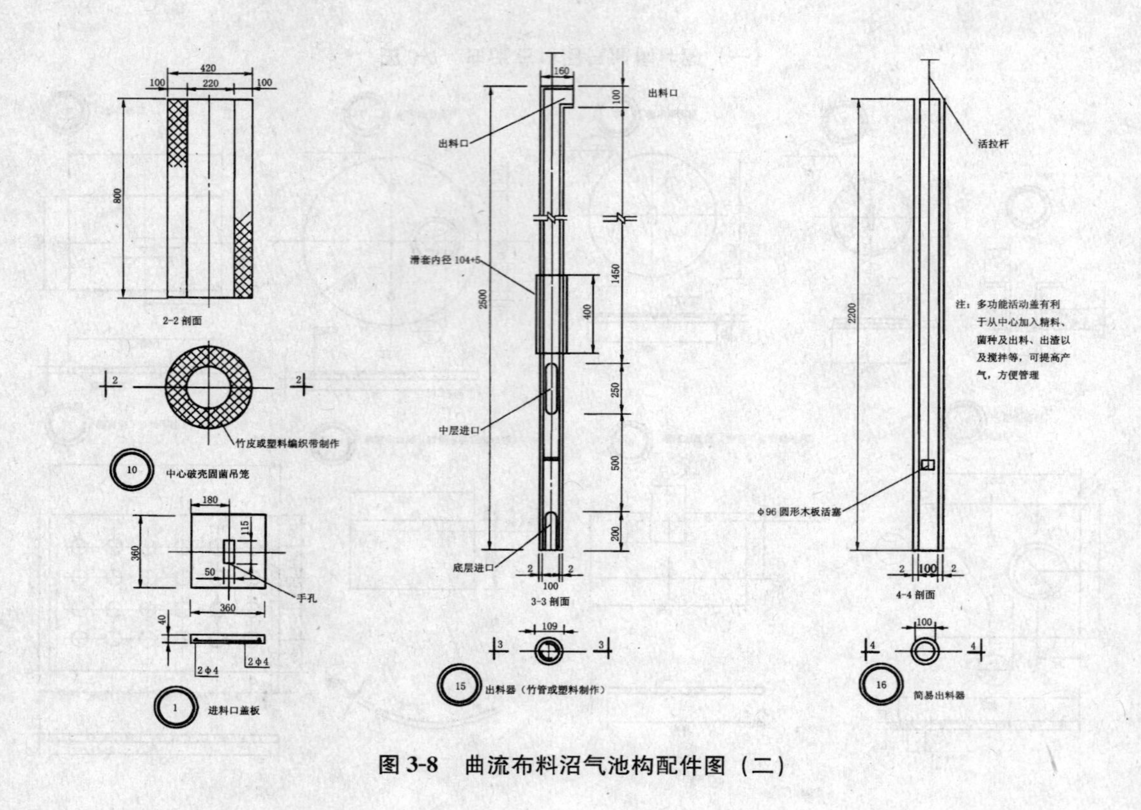


图 3-8　曲流布料沼气池构配件图（二）

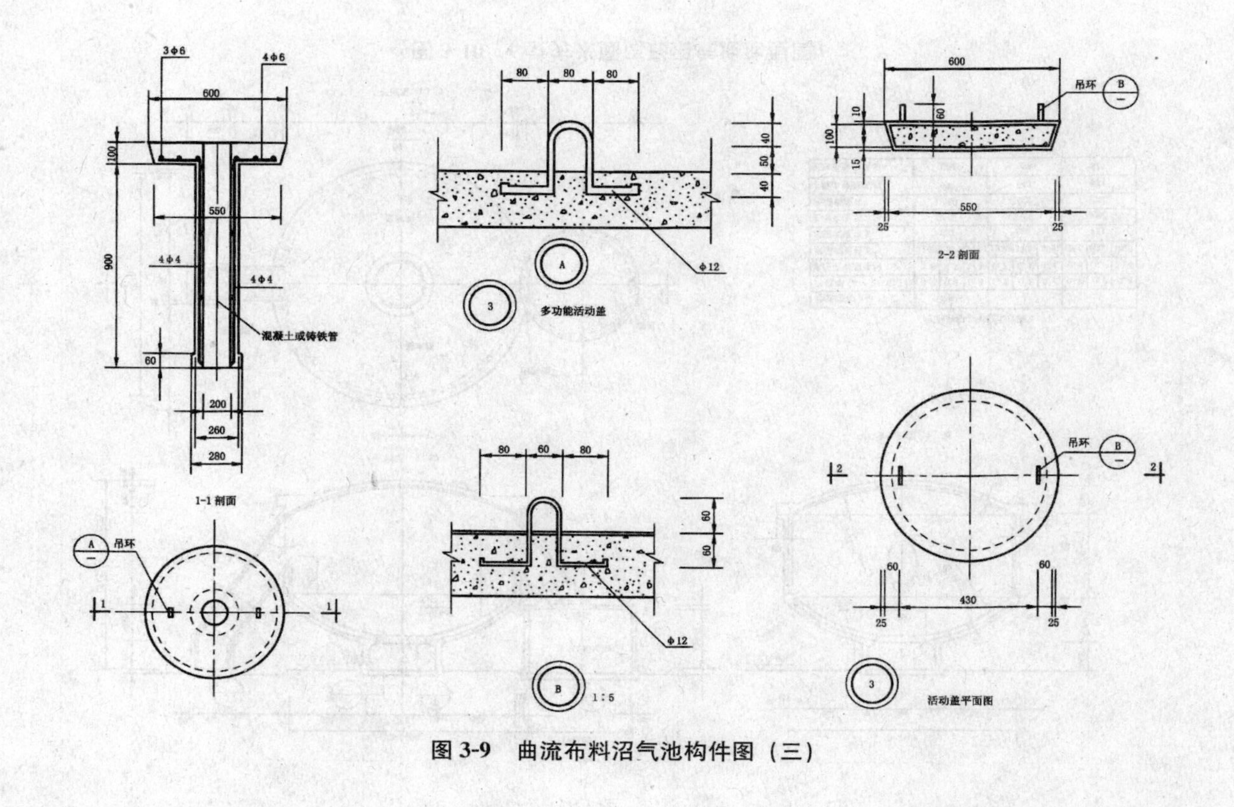


图 3-9　曲流布料沼气池构件图（三）

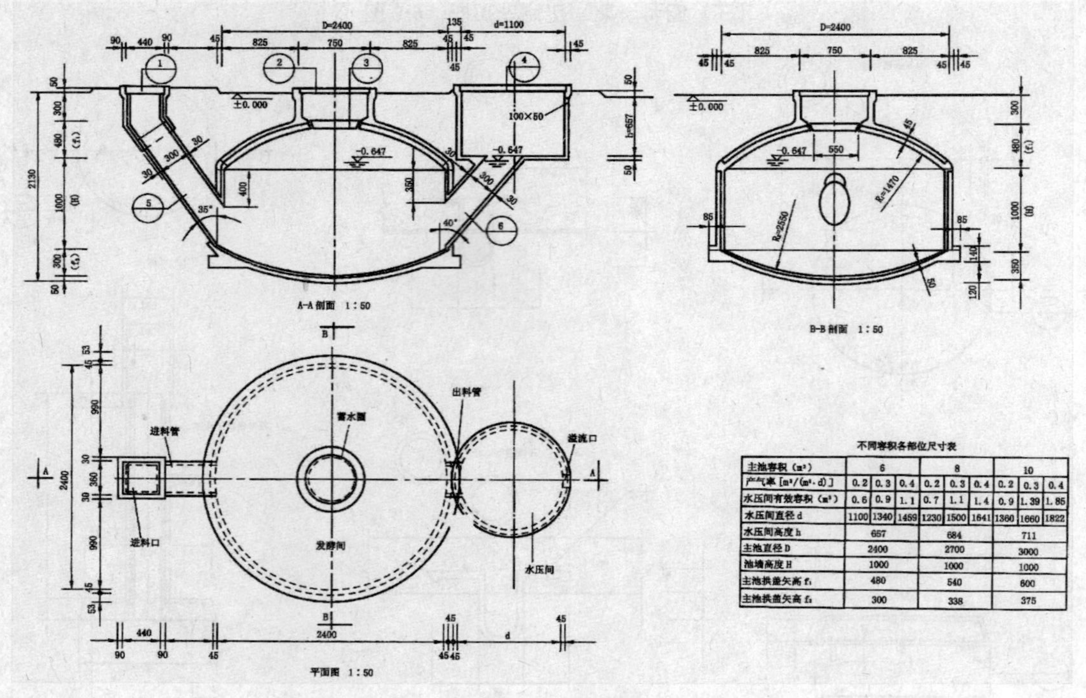


不同容积各部位尺寸表

| 主池容积（m³） | 6 | | | 8 | | | 10 | | |
|---|---|---|---|---|---|---|---|---|---|
| 产气率 [m³/(m³·d)] | 0.2 | 0.3 | 0.4 | 0.2 | 0.3 | 0.4 | 0.2 | 0.3 | 0.4 |
| 水压间有效容积（m³） | 0.6 | 0.9 | 1.1 | 0.7 | 1.1 | 1.4 | 0.9 | 1.39 | 1.85 |
| 水压间直径 d | 1100 | 1340 | 1459 | 1230 | 1500 | 1641 | 1360 | 1660 | 1822 |
| 水压间高度 h | 657 | | | 684 | | | 711 | | |
| 主池直径 D | 2400 | | | 2700 | | | 3000 | | |
| 池墙高度 H | 1000 | | | 1000 | | | 1000 | | |
| 主池拱盖矢高 $f_1$ | 480 | | | 540 | | | 600 | | |
| 主池拱盖矢高 $f_2$ | 300 | | | 338 | | | 375 | | |

图 3-10　6 立方米圆筒形沼气池池型图

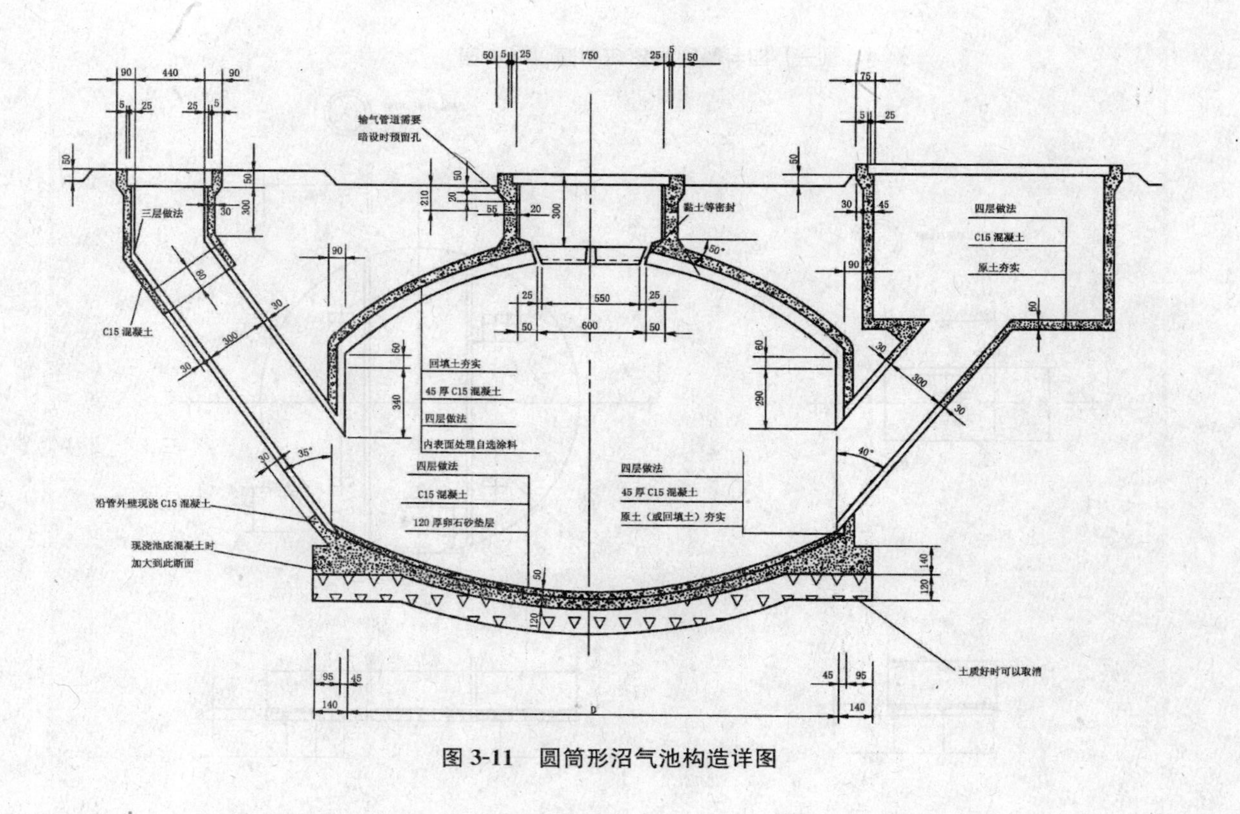


图 3-11 圆筒形沼气池构造详图

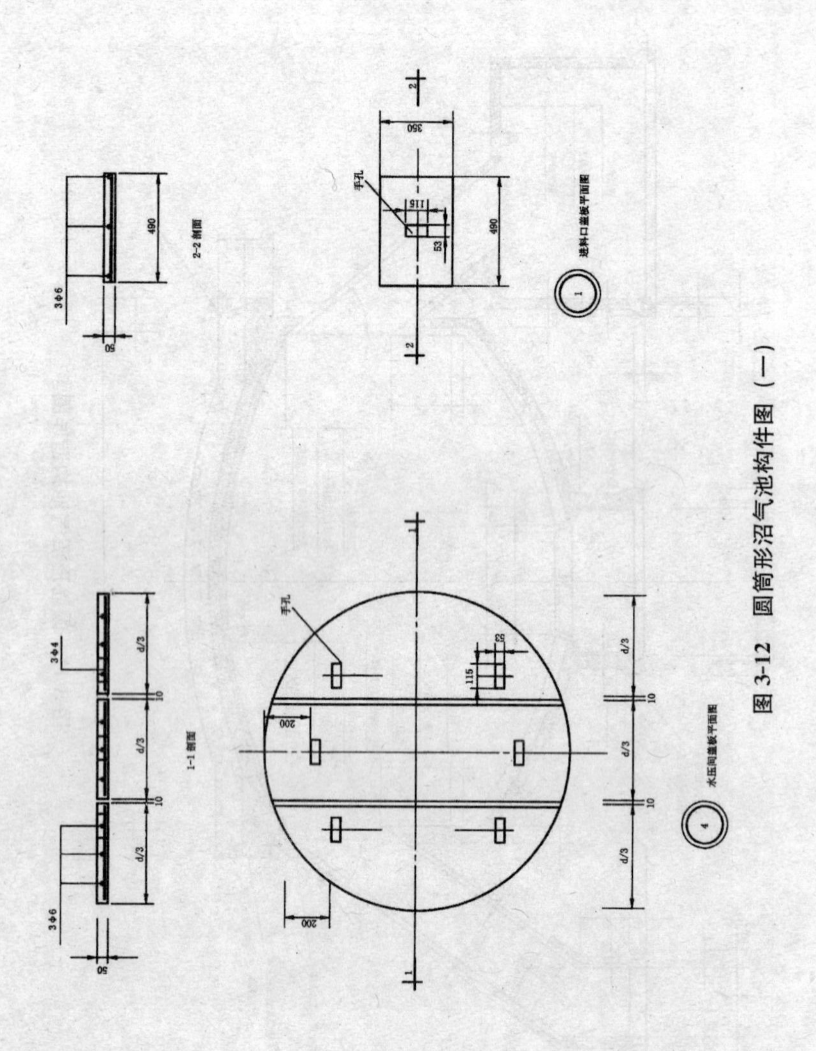


图 3-12　圆筒形沼气池构件图（一）

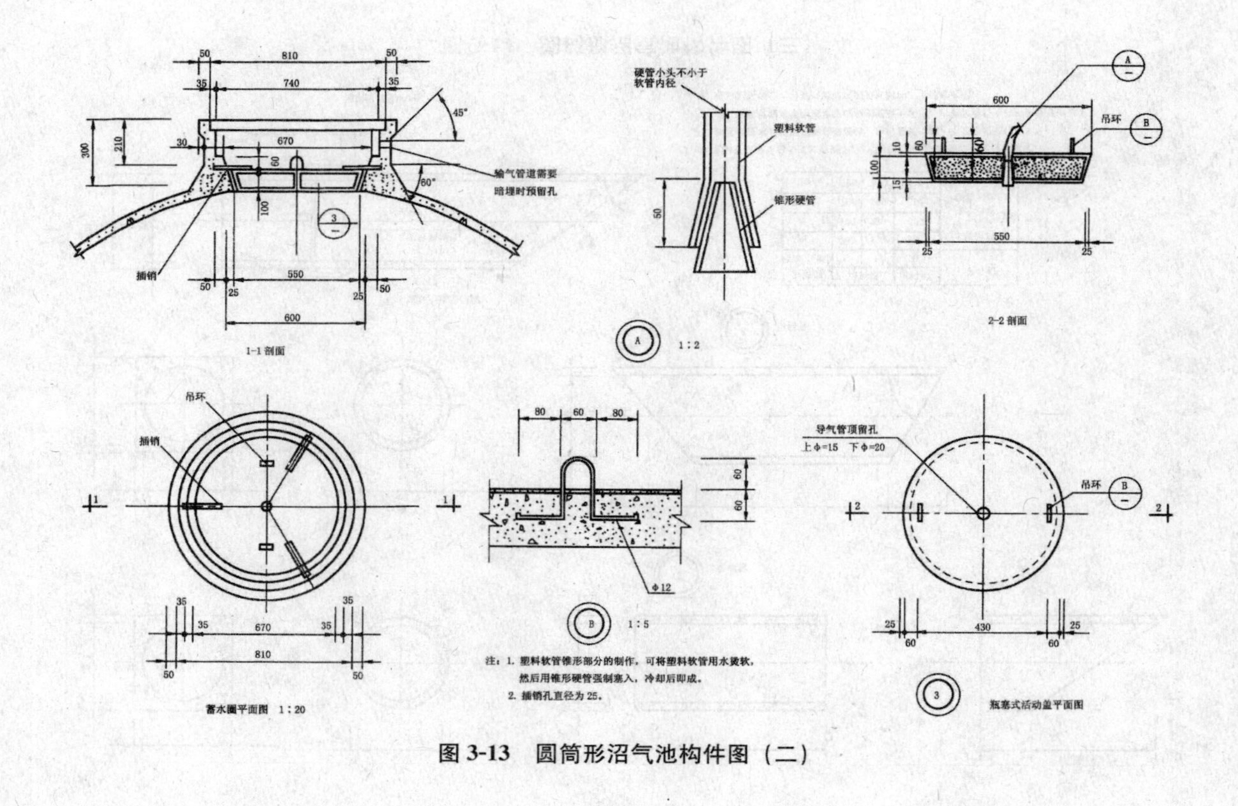


图 3-13　圆筒形沼气池构件图（二）

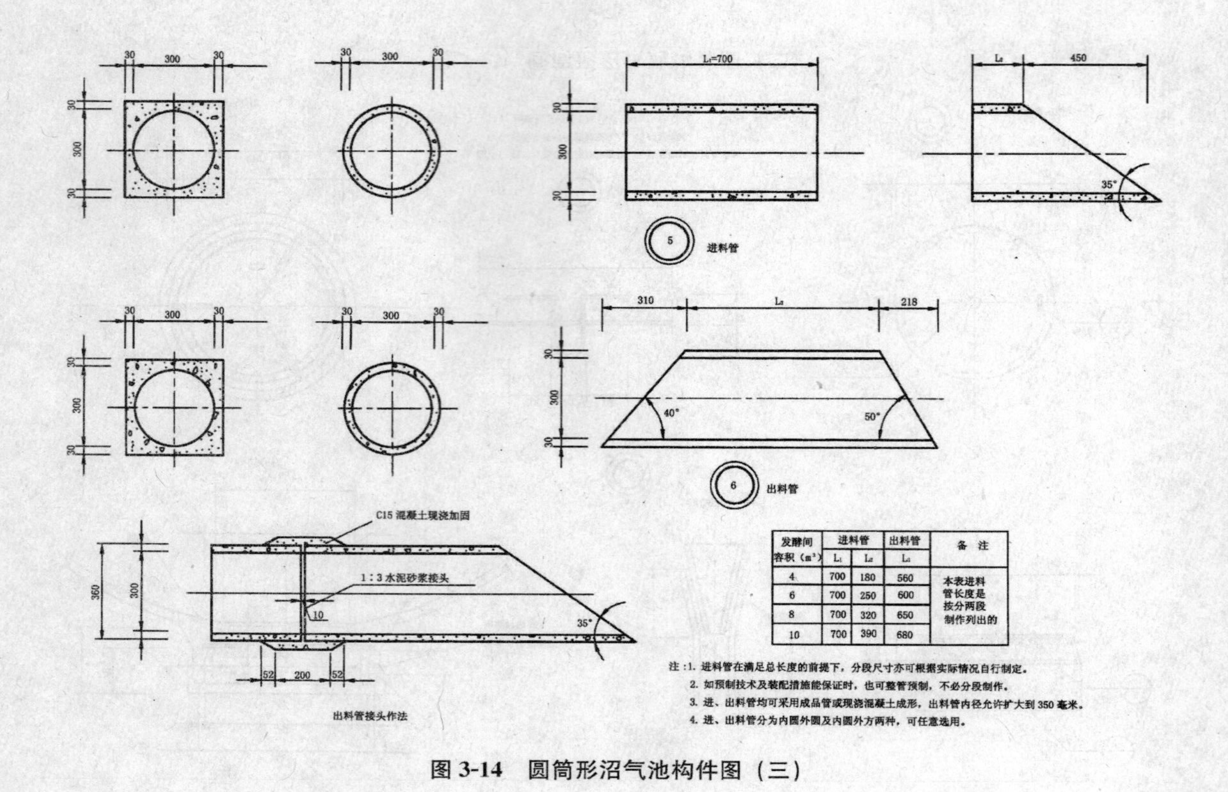


| 发酵间容积（m³） | 进料管 | | 出料管 | 备注 |
|---|---|---|---|---|
| | $L_1$ | $L_2$ | $L_3$ | |
| 4 | 700 | 180 | 560 | 本表进料管长度是按分两段制作列出的 |
| 6 | 700 | 250 | 600 | |
| 8 | 700 | 320 | 650 | |
| 10 | 700 | 390 | 680 | |

注：1. 进料管在满足总长度的前提下，分段尺寸亦可根据实际情况自行制定。

2. 如预制技术及装配措施能保证时，也可整管预制，不必分段制作。

3. 进、出料管均可采用成品管或现浇混凝土成形，出料管内径允许扩大到350毫米。

4. 进、出料管分为内圆外圆及内圆外方两种，可任意选用。

图 3-14　圆筒形沼气池构件图（三）

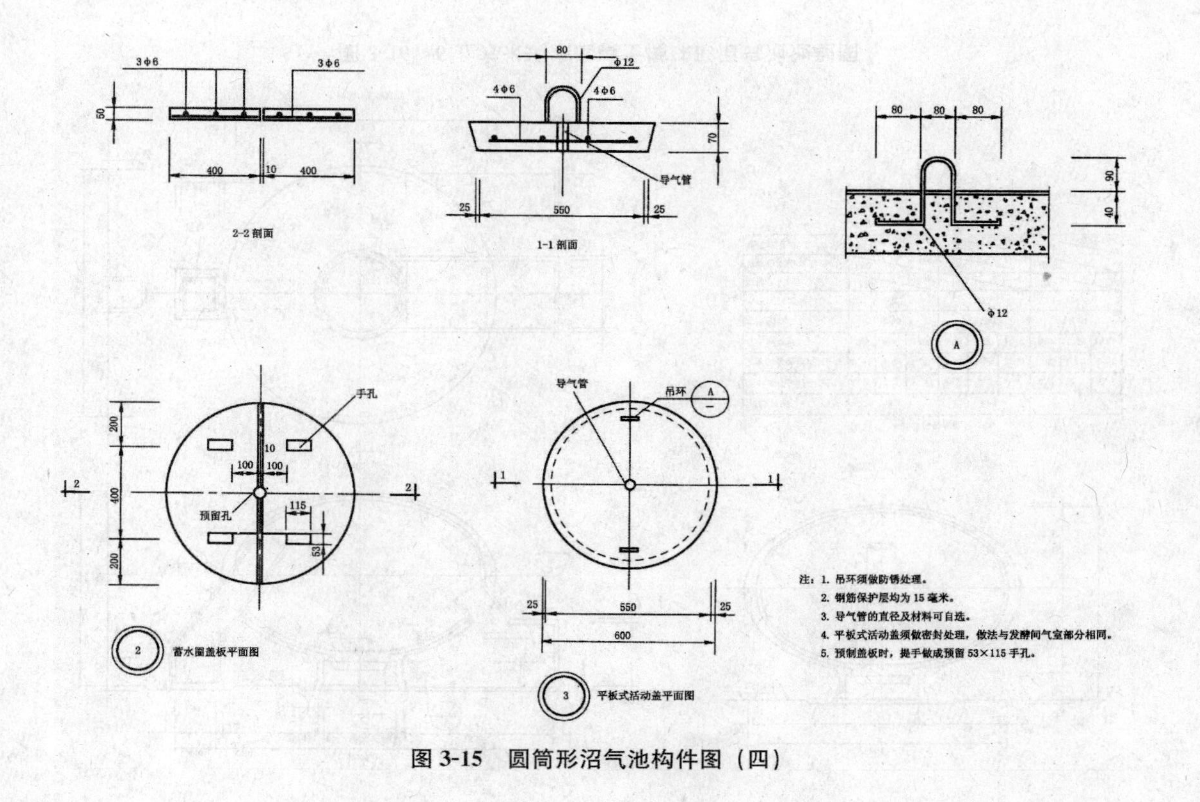


注：1. 吊环须做防锈处理。
2. 钢筋保护层均为 15 毫米。
3. 导气管的直径及材料可自选。
4. 平板式活动盖须做密封处理，做法与发酵间气室部分相同。
5. 预制盖板时，提手做成预留 53×115 手孔。

图 3-15　圆筒形沼气池构件图（四）

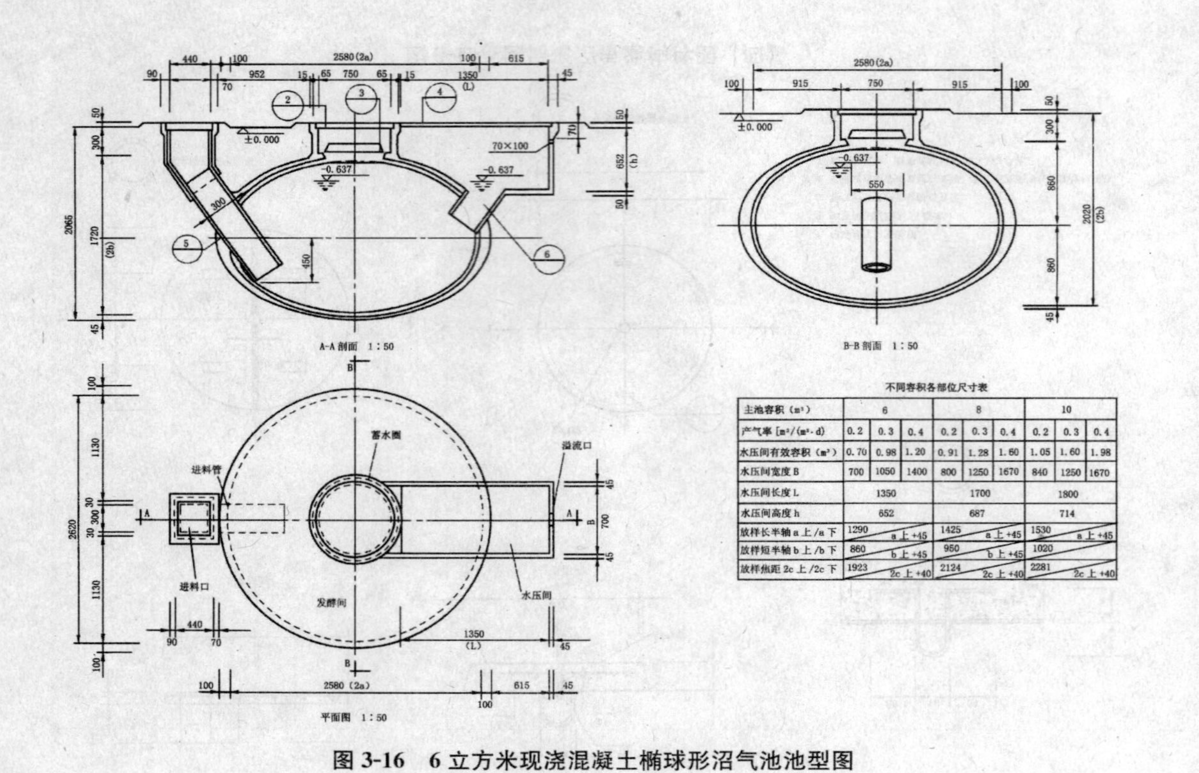


不同容积各部位尺寸表

| 主池容积（m³） | 6 | | | 8 | | | 10 | | |
|---|---|---|---|---|---|---|---|---|---|
| 产气率 [m³/(m³·d) | 0.2 | 0.3 | 0.4 | 0.2 | 0.3 | 0.4 | 0.2 | 0.3 | 0.4 |
| 水压间有效容积（m³） | 0.70 | 0.98 | 1.20 | 0.91 | 1.28 | 1.60 | 1.05 | 1.60 | 1.98 |
| 水压间宽度 B | 700 | 1050 | 1400 | 800 | 1250 | 1670 | 840 | 1250 | 1670 |
| 水压间长度 L | 1350 | | | 1700 | | | 1800 | | |
| 水压间高度 h | 652 | | | 687 | | | 714 | | |
| 放样长半轴 a 上 /a 下 | 1290 / a 上 +45 | | | 1425 / a 上 +45 | | | 1530 / a 上 +45 | | |
| 放样短半轴 b 上 /b 下 | 860 / b 上 +45 | | | 950 / b 上 +45 | | | 1020 | | |
| 放样焦距 2c 上 /2c 下 | 1923 / 2c 上 +40 | | | 2124 / 2c 上 +40 | | | 2281 / 2c 上 +40 | | |

图 3-16　6 立方米现浇混凝土椭球形沼气池池型图

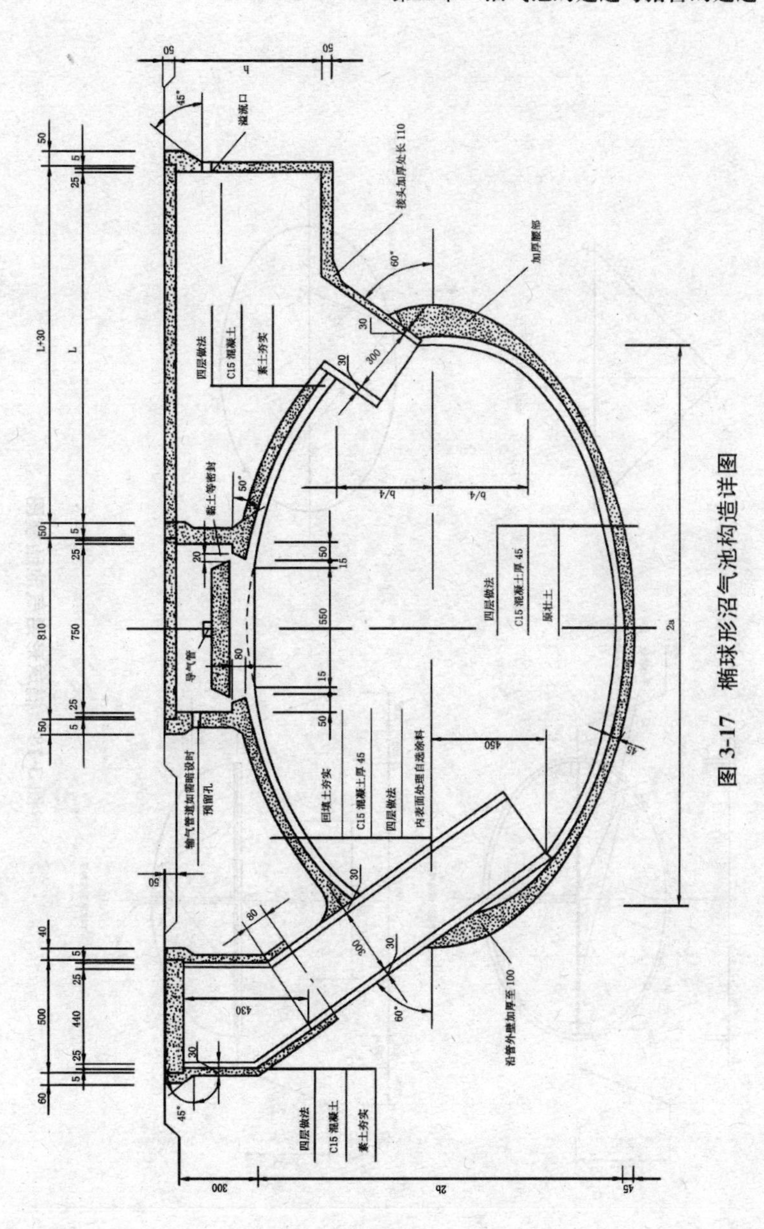


图 3-17　椭球形沼气池构造详图

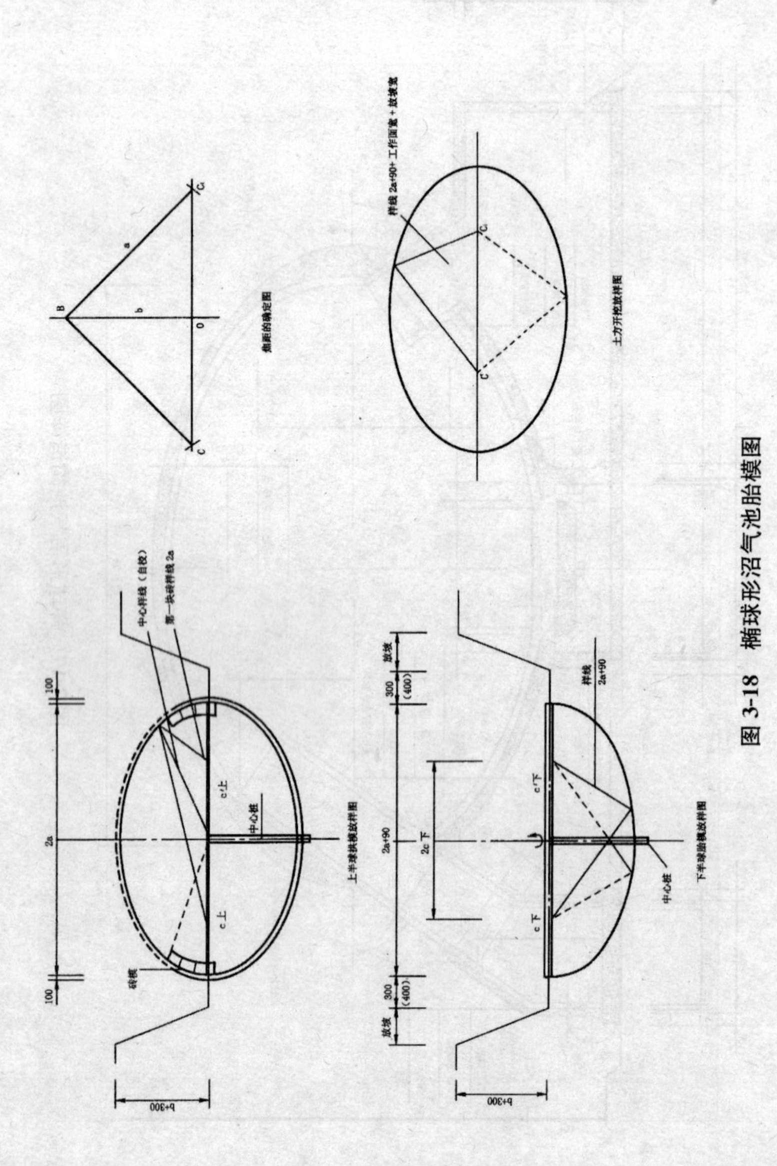


图 3-18 椭球形沼气池胎模图

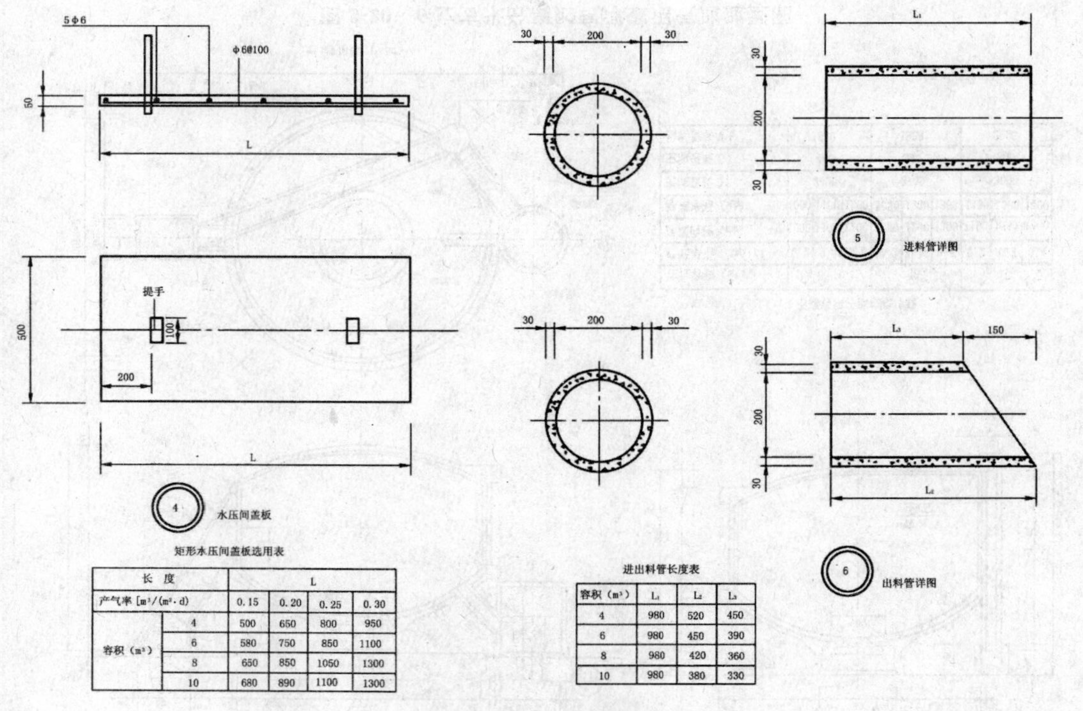


矩形水压间盖板选用表

| 长　度 | | L | | | |
|---|---|---|---|---|---|
| 产气率 [m³/(m³·d) | | 0.15 | 0.20 | 0.25 | 0.30 |
| 容积（m³） | 4 | 500 | 650 | 800 | 950 |
| | 6 | 580 | 750 | 850 | 1100 |
| | 8 | 650 | 850 | 1050 | 1300 |
| | 10 | 680 | 890 | 1100 | 1300 |

进出料管长度表

| 容积（m³） | $L_1$ | $L_2$ | $L_3$ |
|---|---|---|---|
| 4 | 980 | 520 | 450 |
| 6 | 980 | 450 | 390 |
| 8 | 980 | 420 | 360 |
| 10 | 980 | 380 | 330 |

图 3-19　椭球形沼气池构件及配筋图

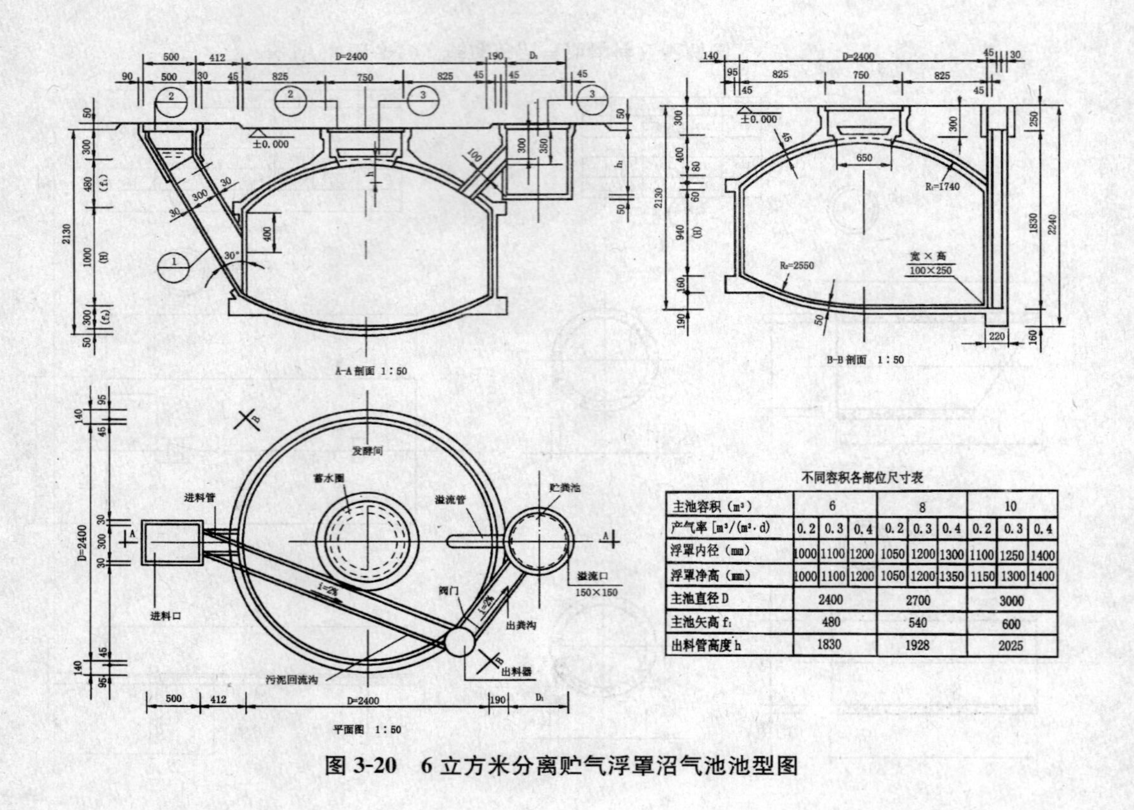


不同容积各部位尺寸表

| 主池容积（m³） | 6 | | | 8 | | | 10 | | |
|---|---|---|---|---|---|---|---|---|---|
| 产气率 [m³/(m³·d)] | 0.2 | 0.3 | 0.4 | 0.2 | 0.3 | 0.4 | 0.2 | 0.3 | 0.4 |
| 浮罩内径（mm） | 1000 | 1100 | 1200 | 1050 | 1200 | 1300 | 1100 | 1250 | 1400 |
| 浮罩净高（mm） | 1000 | 1100 | 1200 | 1050 | 1200 | 1350 | 1150 | 1300 | 1400 |
| 主池直径 D | 2400 | | | 2700 | | | 3000 | | |
| 主池矢高 $f_1$ | 480 | | | 540 | | | 600 | | |
| 出料管高度 h | 1830 | | | 1928 | | | 2025 | | |

图 3-20　6 立方米分离贮气浮罩沼气池池型图

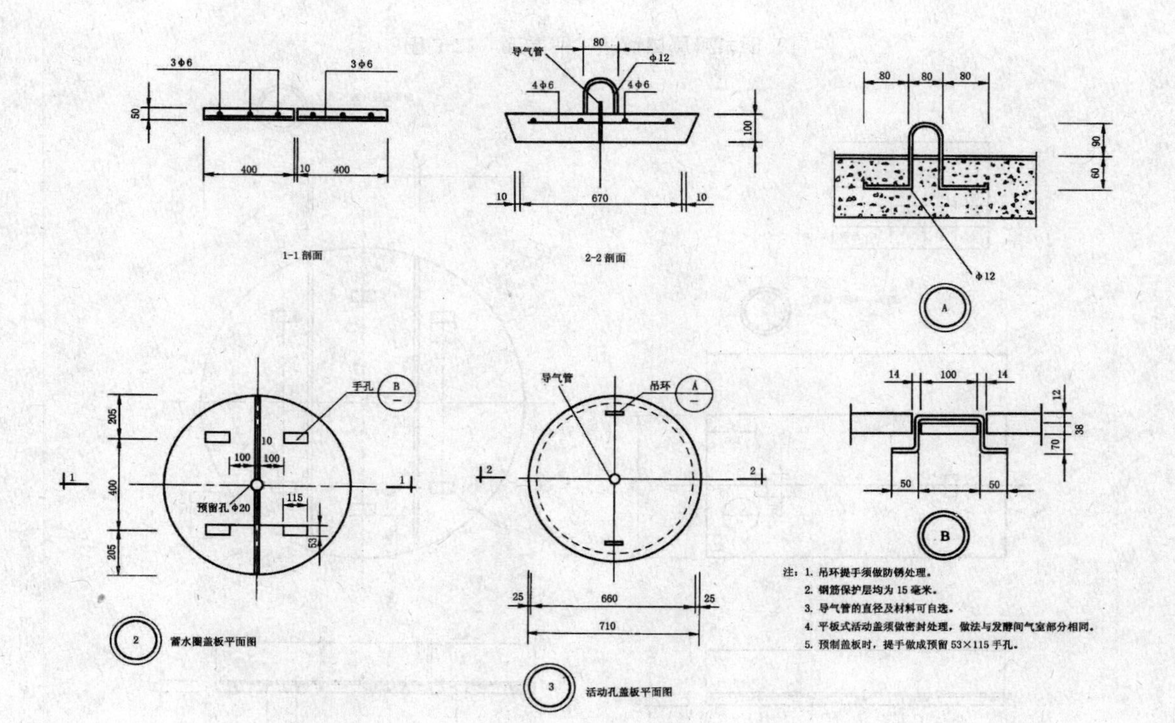


图 3-21　蓄水圈盖板、活动盖板详图

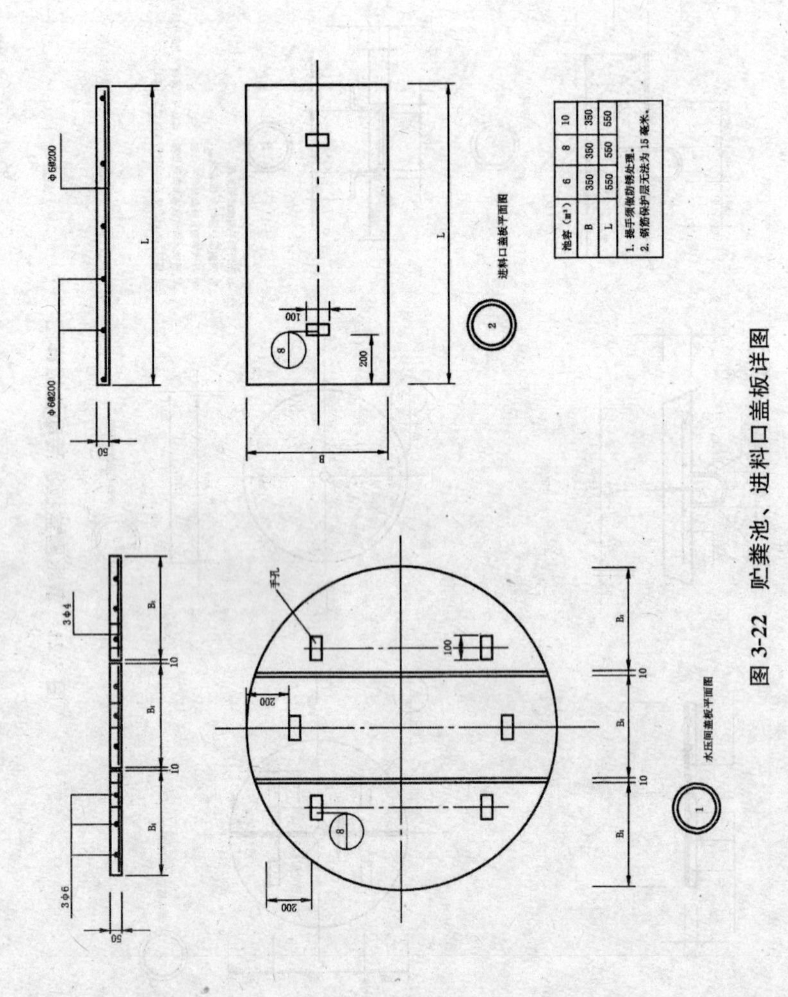


图 3-22　贮粪池、进料口盖板详图

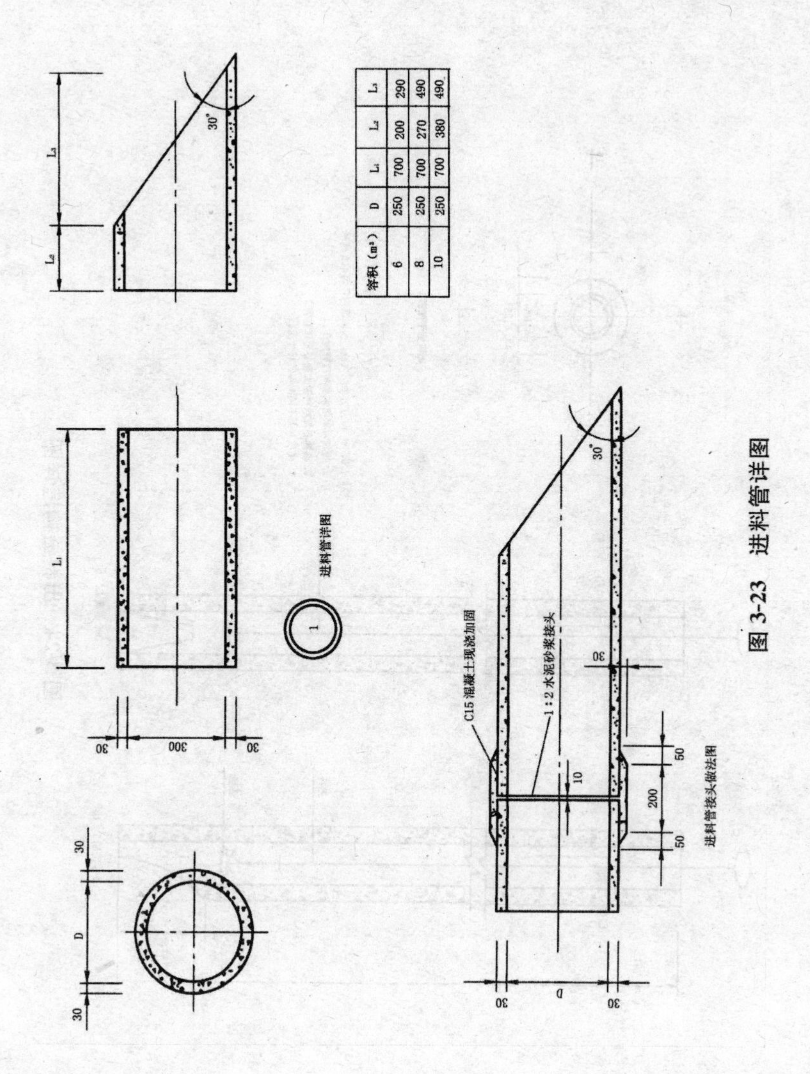


| 容积（m³） | D | L1 | L2 | L3 |
|---|---|---|---|---|
| 6 | 250 | 700 | 200 | 290 |
| 8 | 250 | 700 | 270 | 490 |
| 10 | 250 | 700 | 380 | 490 |

图 3-23　进料管详图

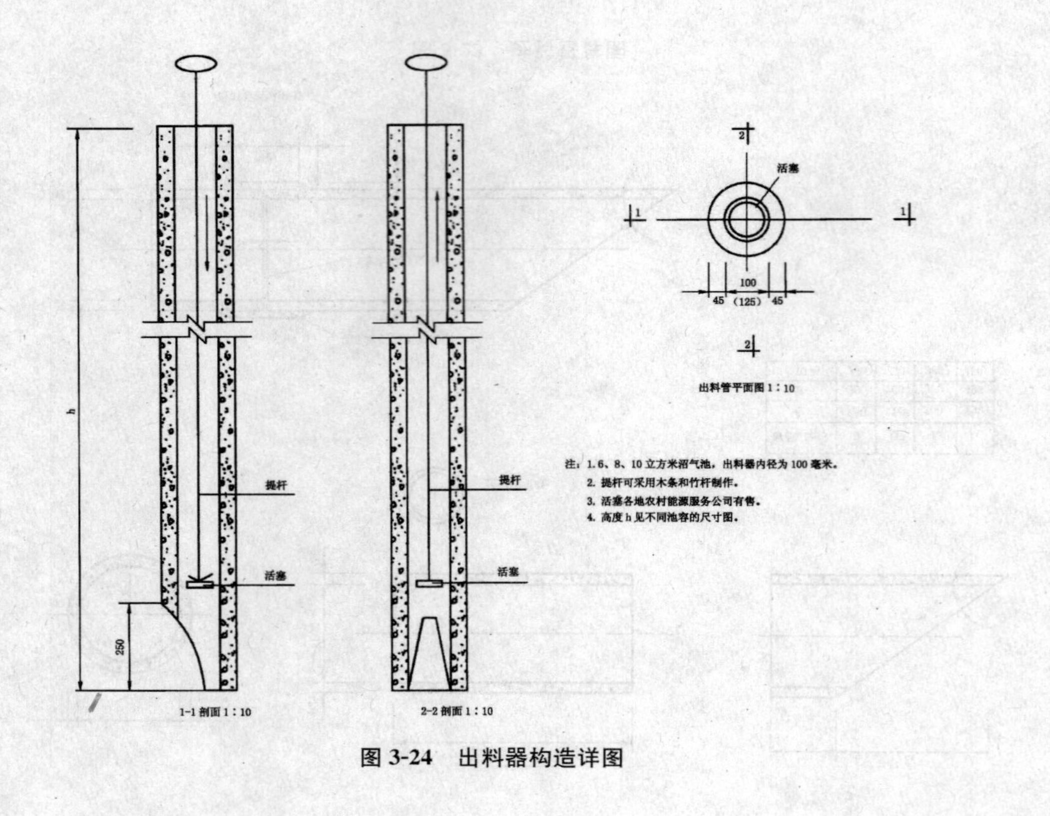


图 3-24 出料器构造详图

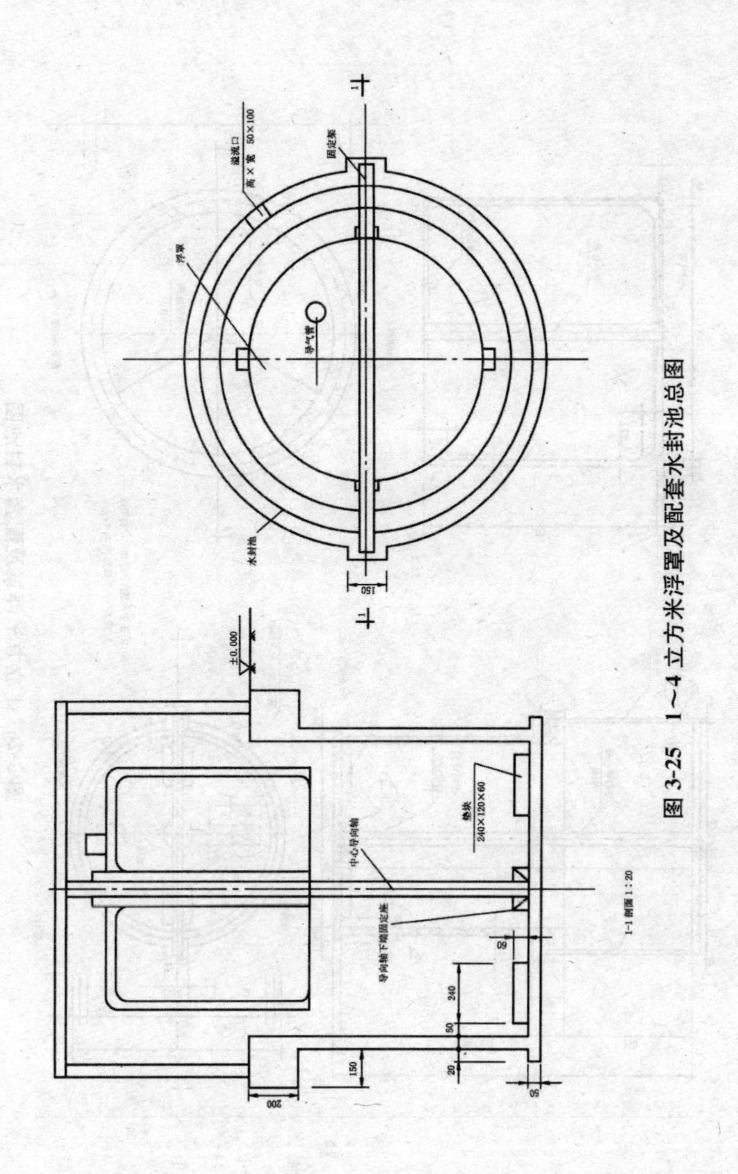


图 3-25　1～4 立方米浮罩及配套水封池总图

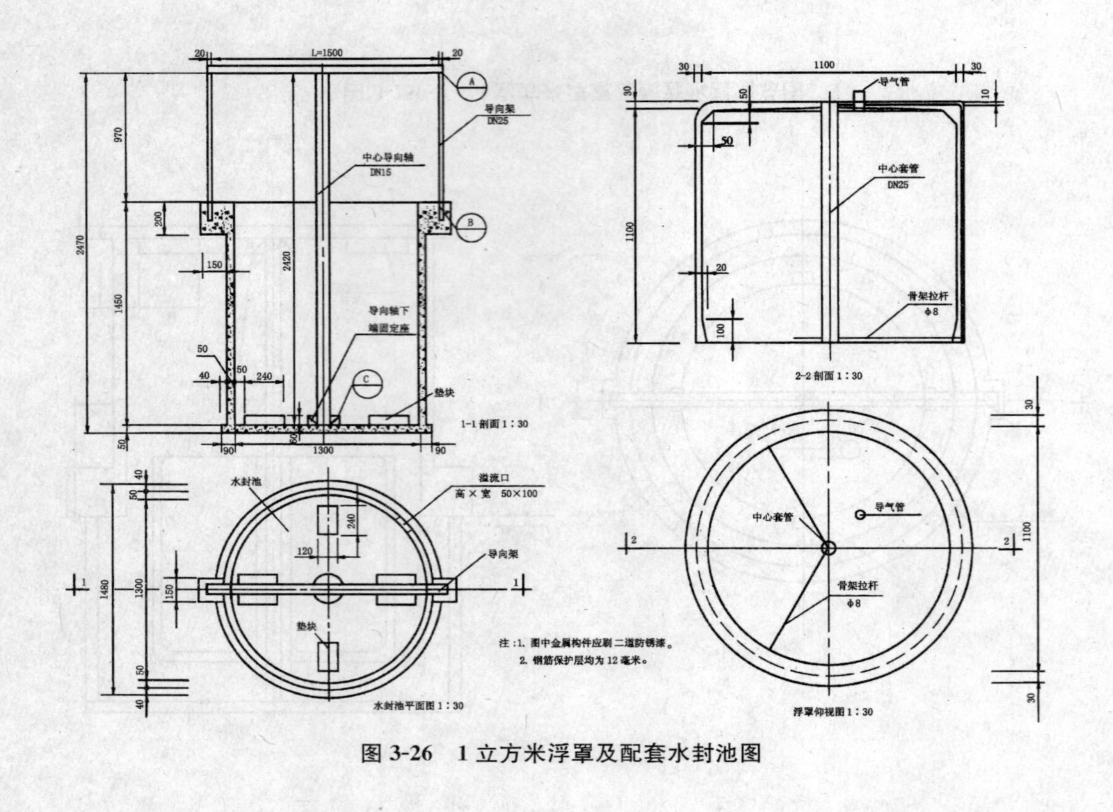


图 3-26 1立方米浮罩及配套水封池图

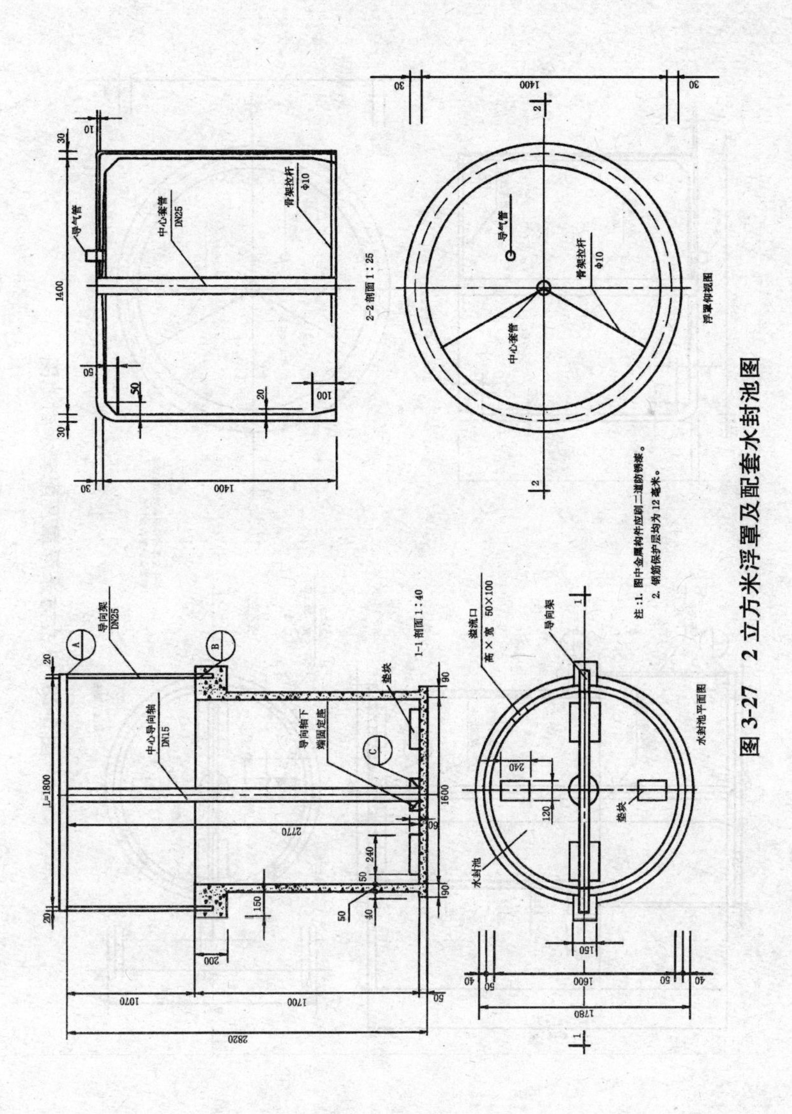


图 3-27　2 立方米浮罩及配套水封池图

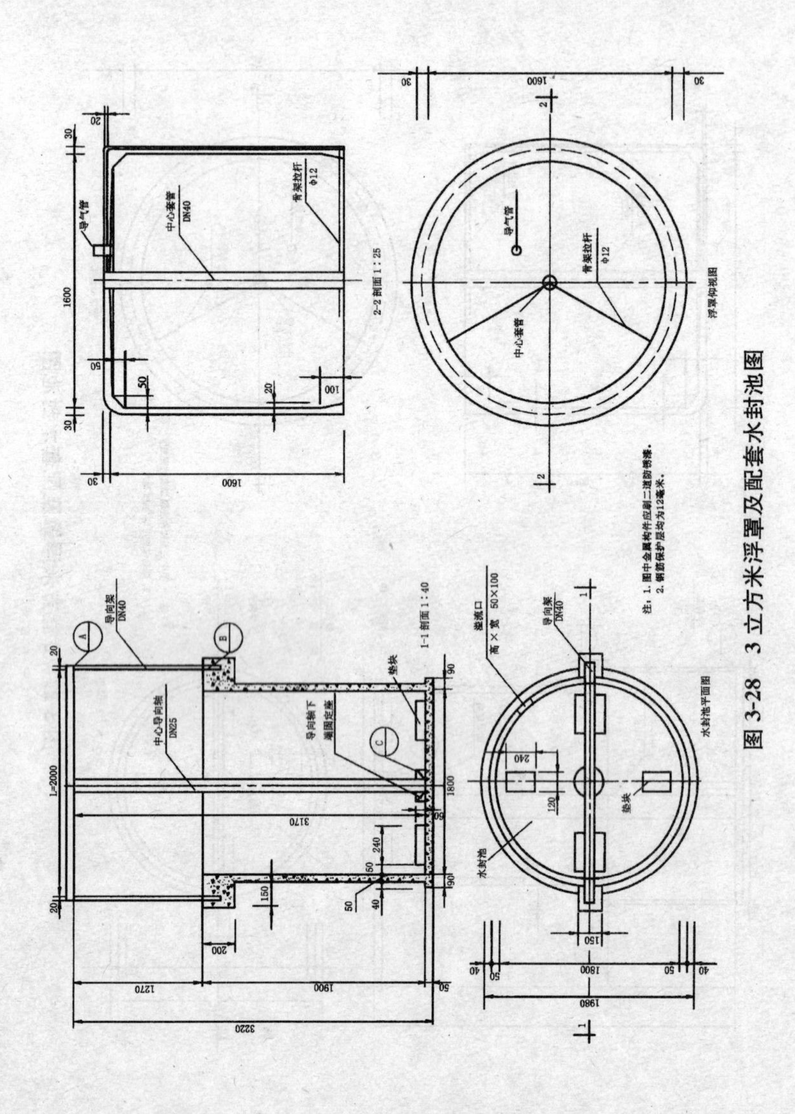


图 3-28 3立方米浮罩及配套水封池图

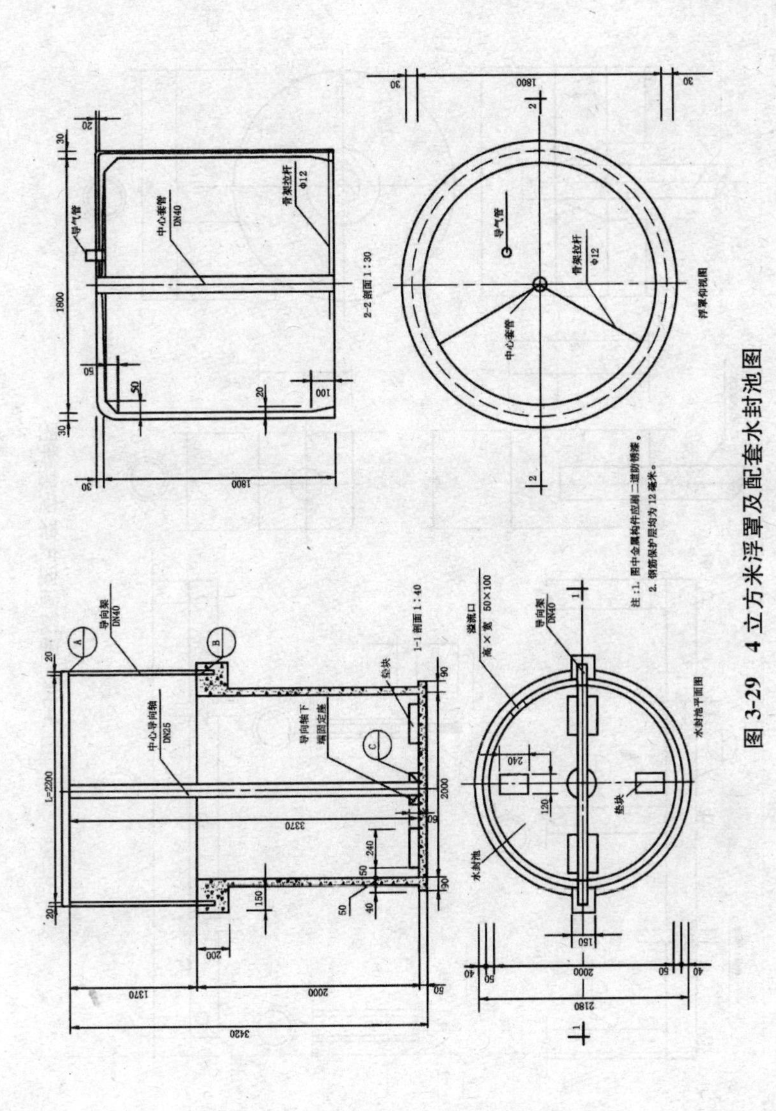


图 3-29 4 立方米浮罩及配套水封池图

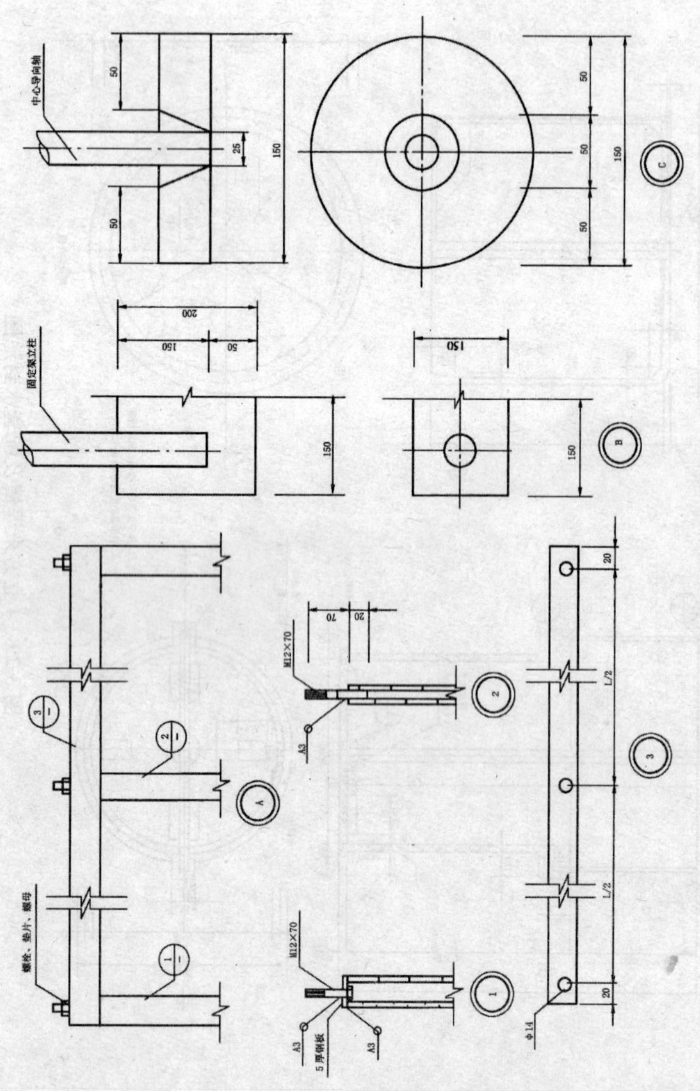


图 3-30　浮罩固定支架安装详图

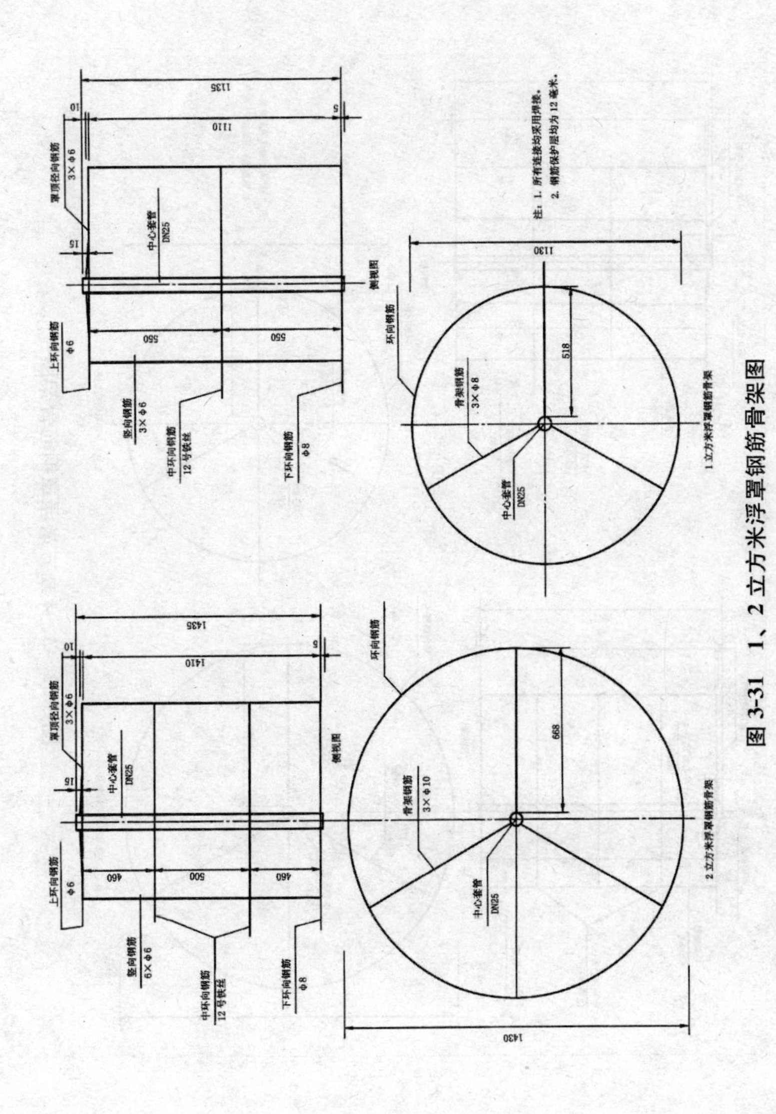


图 3-31　1、2 立方米浮罩钢筋骨架图

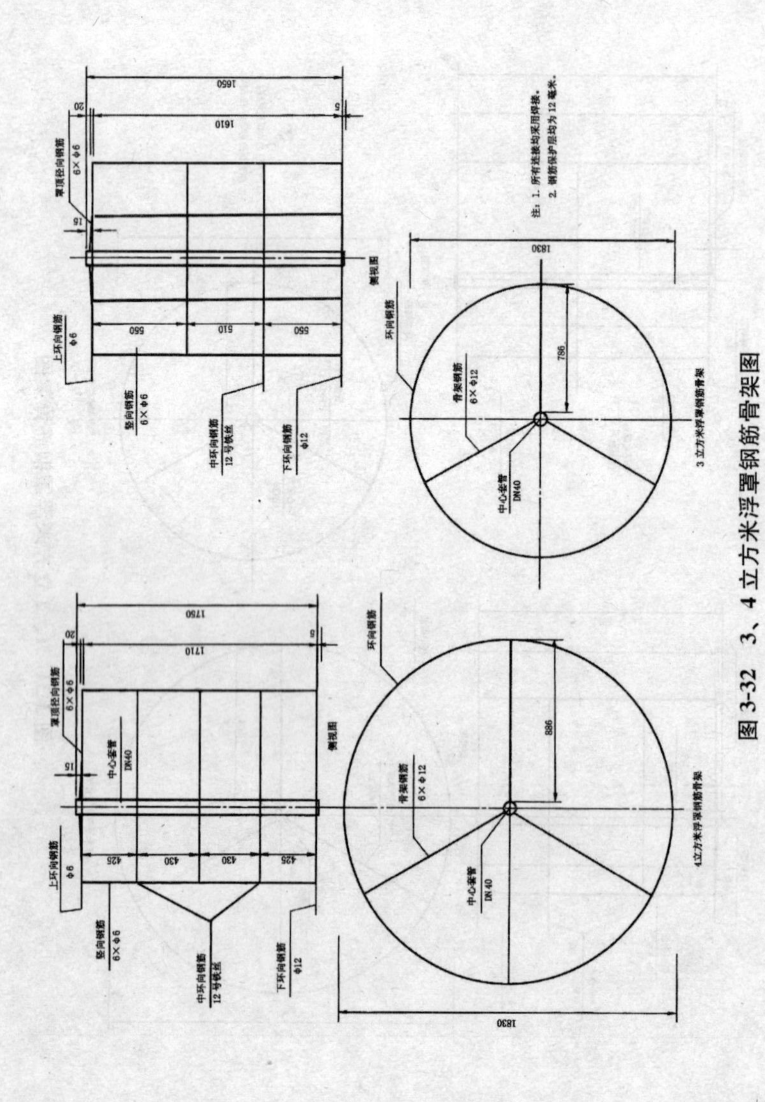


图 3-32　3、4 立方米浮罩钢筋骨架图

## （二）放线与挖池

1. 放线定位

放线挖坑是保证建池质量的第一关，必须按规定尺寸施工。根据选择的池形、容积、施工图纸的平面图进行放线。放线要点如下。

（1）在选定的池坑区域内，平整好场地，确定主池中心位置，以主池内半径加池墙厚为半径画出主发酵池外框线；找出水压间中心，画出水压间外框线。同时在框线外 0.8 米左右处打下 6 根定位木桩，分别钉上钉子以便牵线，三线的交叉点即是主发酵池和水压间的中心点。同时选其中一桩作为标高基准桩，在其顶部确定基准点。

（2）发酵池取土直径＝池身净空直径＋池墙厚度×2。

（3）主池取土深度＝蓄水圈高＋拱顶厚度＋拱顶矢高＋池墙高度＋池底矢高＋池底厚度。

（4）在沼气池用白灰做好标记后（见彩图 2）准备开挖时，其进料口、池拱盖、出料间的中心点连线的夹角，必须大于 120°。

2. 池坑开挖

在“猪—沼—果（菜、粮）”生态模式内建沼气池均采用地下埋式，沼气池土方工程采用大开挖的施工工艺（见彩图 3）。

（1）开挖尺寸：池坑深度按施工图确定，即沼气池的水压间口顶高出自然地面 10 厘米，水封圈顶高出地面 20 厘米。进料口超高地面 2 厘米，如果挖得过深使沼气池低于地平面，则会影响配套使用，挖得过浅使沼气池凸出地面，给养猪造成困难。具体开挖尺寸见表 3-2。

表 3-2　6～10 立方米沼气池结构规格标准

| 容积（立方米） | 内直径（米） | 池墙高（米） | 池顶矢高（米） | 池底矢高（米） | 池顶曲率半径（米） | 水压间 | |
|---|---|---|---|---|---|---|---|
| | | | | | | 深（米） | 直径（米） |
| 6 | 2.40 | 1.00 | 0.48 | 0.30 | 1.71 | 2.10 | 0.90 |
| 8 | 2.70 | 1.00 | 0.54 | 0.34 | 1.96 | 2.18 | 1.00 |
| 10 | 3.00 | 1.00 | 0.60 | 0.38 | 2.18 | 2.28 | 1.10 |

为了便于安放建池模具或利用砖模浇筑池体，减少材料损耗，池坑要规圆、上下垂直。对于土质良好的地方坑壁可挖直，取土时由中间向四周开挖，开挖至坑壁时留有一定余地，然后按定位桩找出中心点，并钉一固定的木桩，用一条绳的一端固定在中心点的木桩上，绳的另一端拴上一把小锄，使锄刃到中心点的长度等于池的半径加上墙厚度划圆，刮掉阻碍通道的砂土，边挖边修整池坑，直到设计深度为止。池坑挖好后，在池底中心直立中心杆及活动轮杆，校正池体各部弧度。

（2）注意事项

①应保证人、畜粪尿和冲洗废水自流进入沼气池，不得高于相邻住房，地面雨水、污水不得流进沼气池，正常年份不被洪水淹没。

②如遇岩石、流砂、淤泥或地下水位太高，池坑无法开挖到位，应在确保沼气池有效容积的前提下，改变池型以降低沼气池的净高（如圆形池加大直径降低池墙高度，改水压式为分离浮罩式沼气池等）。

③必须按照图纸标注的尺寸，严格控制进料管、出料管下口上沿和水压箱底部的标高。这三个部位的标高影响着沼气池储气量、储气压力的大小和最大压力的限制，更是沼气池安全使用的重要保障。

④拱顶部位必须留宽度为 25 厘米的"操作线"。开挖池坑

时，不要扫动原土，挖出的土尽量远扬，以利下一步施工。

⑤一般土质均匀的黏土、亚黏土、亚砂土等地基均可直接建池。如遇到流砂、松软膨胀土或湿陷性黄土等特殊地基必须经加固处理后方可施工，并采取相应的建池技术，必要时应对沼气池的构件变形进行验算，并提高沼气池的结构强度。常用的处理方法有换土、夯实、增铺块石垫层、打桩、扩大基础等方法。同时，水压间尽量采用顶置式，可以避免主池受力不均衡而引起结构裂缝。

3. 沼气池池底的修整

把池底挖成锅底形状，由锅底中心至出料间底部挖一条“U”形浅槽，浅槽的宽度为 70 厘米，下返坡度 5%。同时挖好进出料口坑槽。如有地下浸水，一般处理方法是加快施工进度，在池坑开挖成型后，在池底做 6 厘米×10 厘米十字形盲沟，池底中心设集水坑，大小、深度可按渗水量而定，一般不大于 25 厘米；盲沟内填碎石或碎瓦片，直至集水坑使浸水集中排出，然后立即浇筑混凝土，同时在集水坑中进行人工或机械排水，确保水位面不超过混凝土面。

待浇注混凝土 48 小时后停止排水，整池施工完毕后再处理集水坑（先将乱石或碎石填入集水坑离池底 15 厘米左右，然后快速浇注高标号细石混凝土至池底，其上覆盖一张大小能全部遮盖混凝土的塑料薄膜，薄膜四周用胶泥封牢，薄膜上压以砖块。这时地下水从预留孔中渗出淹没薄膜，待细石混凝土强度达设计强度的 70%时，可用胶塞或松木塞塞紧预留孔，留空的上边用高标号细石混凝土抹平）。

**（三）池体施工**

1. 池体建造

建池前要先拌和混凝土，拌制混凝土时应在铁板上、清洁平整的水泥地面或砖铺地面进行。先将砂子摊平，将水泥倒在砂子上，用锹拌三遍，堆成长方形，然后在中间挖一凹形槽，均匀倒入砂子，将2/3的用水量加入拌和，边翻捣边加入石子并随拌随洒上另外1/3的用水量，直至拌和均匀为止，拌和后应在45分钟内用完。

混凝土浇筑顺序必须连续进行，间断时间不得超过1小时，浇筑时必须振捣密实，不允许出现蜂窝麻面现象。

（1）池底施工：土质好时，原土夯实后，用混凝土直接浇灌池底6～8厘米。如遇土质松软和砂土时，先铺一层碎石，轻夯一遍以后，用1∶4的水泥砂浆将碎石缝隙灌满，土层好的厚度4厘米，地下水位高的厚度5～10厘米。然后再用1∶3∶3（水泥、砂、碎石）的混凝土浇筑池底，混凝土厚度要达到10厘米，然后原浆抹光。

（2）砌筑出料口通道：为了便于浇筑池墙和水压间施工，首先要用红砖和1∶2砂浆砌筑出料口通道，通道口净宽65厘米，顶部起拱，其拱顶宽24厘米，也是主池和水压间的距离，其上口距池上拱角不得小于25～30厘米，防止产气多时水面下返跑气。出料口通道是连接水压间与发酵间的通道，切忌不可加长，否则不但浪费材料，而且给密封带来困难。

（3）池墙及水压间下部的浇筑（见彩图4）：池墙及水压间下部的浇筑可采用钢模、木模及砖模，一般上述模具为内模，而以池壁为外模。由于钢模造价高，很少采用，而木模和砖模用得较多。若一个村里建多个沼气池，采用木模较方便，若只建一个，则采用砖模为宜。采用砖模的一般砌法是先把砖用水浸湿，防止拆模困难。每块砖横向砌筑，每层砖砖缝错开，不用带泥口或灰口，做到砌一层砖用混凝土浇筑一层，振捣密实后再砌第二层。混凝土配合重量比为水泥∶砂子∶碎石＝1∶3∶3，池墙高1米，厚0.05米。

（4）池顶施工：池顶施工采用“单砖漂拱法”砌筑时应选用规则优质砖（图 3-33）。砖要预先淋湿，但不宜湿透。漂拱用的水泥砂浆要用黏性好的 1∶1 细砂浆。砌砖时砂浆应饱满。为了防止未砌满一圈时砖块落下，可采用木棒靠扶或吊重物挂扶等方法固定。待砌完一圈后砖与砖之间应用片石嵌紧。池顶收口部分需改用半砖砌筑，以加强池口强度。为了保证池盖的尺寸准确，在砌筑时应该用曲率半径绳校正。

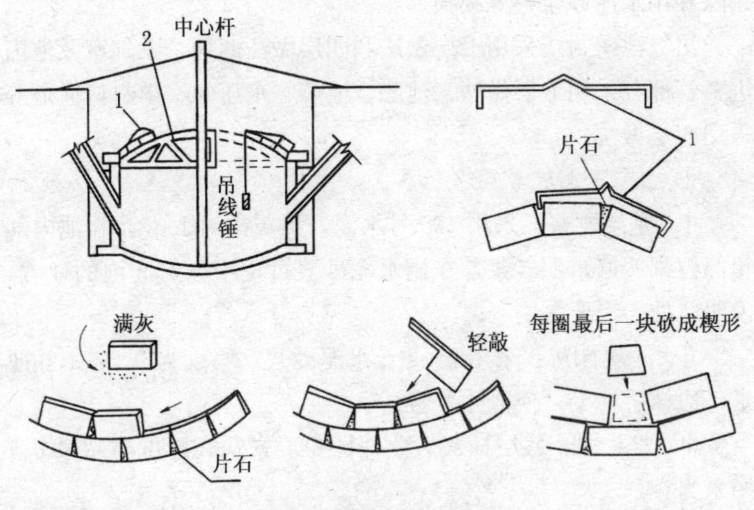


图 3-33　池顶“单砖漂拱法”

1. U形卡　2. 旋转靠模架

在砌筑池拱盖的同时，应把水压间的上部砌好。水压间上半部用 1/4 砖立砌，1∶3 水泥砂灰浇筑。

当砌筑池拱盖要封口时，在拱顶正中央安放直径为 9～10 毫米的导气管，插入深度以池内密封层完工后露出 10 毫米左右为宜，拱顶中央用 4 条 500～700 毫米长铁筋摆放成“#”字型，抹灰要加厚加固，以防沼气池运行时压力过大胀坏气箱。在导气管周围，砌一个深 200～300 毫米，边长 180～200 毫米的方型围护墙，在输气管引出方向预留出缺口。最后用0.5～1厘米的混凝土现浇5厘米加固池顶（见彩图5），并原浆收光，增加强度。

（5）沼气池池体内部密封：沼气发酵是厌氧发酵，发酵工艺要求沼气池必须严格密封。水压式沼气池池内压力远大于池外大气压力，密封性能差的沼气池不但会漏气，而且会使水压式沼气池的水压功能丧失殆尽。

密封层施工前，必须将池内壁的砂浆、灰耳、混凝土毛边等剔除并用水泥砂浆补好缺损。

沼气池密封层采用七层做法和四层做法两种，贮气室及池内进料管部分采用七层做法；池底、池墙、水压间、出料口通道等采用四层做法。

①七层密封法

Ⅰ．基层刷浆：采用425号水泥，水灰比为1∶3，在池内气箱部位刷一遍水泥砂浆，在刷水泥砂浆过程中如有起泡的地方，说明此处干燥要多刷一遍。

Ⅱ．底层抹灰：采用1∶2.5水泥砂浆，厚度为0.3～1.0厘米，边抹边找平，使池体严密。

Ⅲ．素灰层：底层抹灰后立即抹一层素灰，厚度不超过0.1厘米为宜。

Ⅳ．砂浆层：素灰层施工结束后抹一层1∶2水泥砂浆，厚0.4厘米，要抹平压实。

Ⅴ．素灰层：砂灰层抹完后再抹一层纯水泥浆，厚度不超过0.1厘米。

Ⅵ．面层抹灰：素灰层抹完后，进行面层抹灰，抹1∶1细砂浆，厚度为0.3～0.4厘米，要求砂子筛细，除掉大粒砂子，以防出现砂眼，要反复压光。拱角以下20厘米均为贮气部分。以上6层施工必须在12小时内完成。

Ⅶ．刷素灰浆：面层抹灰结束后，每隔4～8小时刷水泥浆一遍，共刷3遍，具体要求第一遍横刷，第二遍竖刷，第三遍横刷。

②四层密封法

Ⅰ. 底层抹灰：用1∶2.5水泥抹底层，厚度为0.5厘米，此层抹灰与贮气间底层抹灰同步进行。

Ⅱ. 面层抹灰：抹1∶1水泥细砂浆厚度为0.4厘米，要与气箱面层抹灰同步进行，要反复抹平，压光不能出现砂眼。

Ⅲ. 砂浆层：水泥砂浆层厚4～5毫米，操作方法同第二层，水分蒸发过程中，分次用抹子压1～2遍，以增加密实性，最后再压光。每次抹压间隔时间应视施工现场湿度大小，气温高低及通风条件而定。

Ⅳ. 面层刷灰：面层刷灰浆2～3遍。具体操作可与贮气箱刷灰浆同步进行。

③密封层施工操作要求

Ⅰ. 施工时，务必做到分层交替抹压密实，以使每层的毛细孔道大部分被切断，使残留的少量毛细孔无法形成连通的渗水孔网，保证防水层具有较高的抗渗防水性能。

Ⅱ. 施工时注意素灰层与砂浆层应在同一天内完成，即防水层的前两层基本上连续操作，后两层连续操作，切勿抹完素灰后放置时间过长或次日再抹水泥砂浆。

Ⅲ. 素灰抹面，素灰层要薄而均匀，不宜过厚，否则造成堆积，反而降低黏结强度且容易起壳。抹面后不宜干撒水泥粉，以免素灰层厚薄不均影响黏结。

Ⅳ. 水泥砂浆揉浆，用抹子来回用力压实，使其渗入素灰层。如果揉压不透则影响两层之间的黏结。在揉压和抹平砂浆的过程中，严禁加水，否则砂浆干湿不一，容易开裂。

Ⅴ. 水泥砂浆收压，在水泥砂浆初凝前，待收水70%（即用手指按压上去有少许水润出现而不易压成手迹）时，就可以进行收压工作。收压是用抹子抹光压实。收压时砂浆不宜过湿；收压不宜过早，但也不迟于初凝；用铁板抹压而不能用边口刮压，收压一般作两道，第一道收压表面要粗，第二道收压表面要细，使砂浆密实，强度高且不易起砂。

④涂料密封层施工要求

Ⅰ.涂料选用经过省、部级鉴定的密封涂料，材料性能要求具有弹塑性好，无毒性，耐酸碱，与潮湿基层黏结力强，延伸性好，耐久性好，且可涂刷的特点。

Ⅱ.涂料施工要求和注意事项应按所购产品的使用说明书要求进行。

（6）养护：建池结束后，立即对混凝土浇筑的每个部位进行养护。具体在平均气温大于5℃条件下自然养护，外露混凝土应浇水。保持混凝土湿润状态下，加盖草帘或塑料薄膜养护，养护时间7～10天。春、秋要注意早晚防冻。为了达到以上养护目的，在沼气池密封处理以后要把出料口、进料口和其他暴露部分用薄膜盖严密，保持池内湿润。

注意：建池完工24小时后，如果下大雨应及时向池内加水，加水量应是池内装料容积的一半，以防地下水位上涨，鼓坏池体。自然养护期达到后，开始进行检查。

（7）回填土：池墙砌体和老土间的回填土必须紧实，这是保证沼气池质量的一个重要工序。回填时应注意如下事项：

①回填土要有一定的湿度，含水量控制在20%～25%，简易测试方法是“手捏成团、落地即散”，过干或过湿均难以夯实。

②回填应分层、对称、均匀进行，边砌边回填，以每层虚铺15厘米，夯到10厘米为宜。

③注意第一次回填土约60%即可，防止塌方，其余土量在次日池内密封前回填一部分，整体池完工10天后可全部回填完。拱盖上的回填土，必须待混凝土达到70%的设计强度后进行，

避免局部冲击荷载。

**（四）沼气池活动盖的施工**

沼气池必须装有反扣型密封活动盖。反扣型密封活动盖为上口小，下口大，密封后，气压越大，密封越紧，不易冲开活动盖。

1. 活动盖的优点

（1）方便投料：从活动盖口投料既方便，又能保证第一次所装原料充足且在池内分布均匀。

（2）方便除壳：当池内发酵液表面结壳较厚，影响产气时，可以打开活动盖，打破结壳，搅动粪液，使产气正常。

（3）保护池体：当池内气体压力过大，超过池子的设计压力，而压力表又失灵时（如管道阻塞），沼气便将活动盖板自动顶开，从而降低池内气体压力，避免池体破裂。

（4）维修安全：当沼气池大换料或维修内部时，打开活动盖后，进、出料口与活动盖口相通，通过鼓风有利排出池内残存的气体，可以保证从事换料或维修人员的安全。同时，活动盖口透光面较大，操作方便。

2. 沼气池活动盖的施工

活动盖施工是沼气池施工过程中较为细致、复杂的一道工序，活动盖质量、工艺水平的高低，将直接影响到沼气池的运行效果，活盖施工中，要特别注意以下几点：

（1）厚度适宜：掌握在15～20厘米，过厚则太重，拿起放下非常不便，过薄则太轻，压不住气体。

（2）大小适中：过大则太重，过小则给施工、进出料、搅拌带来不便，小头直径掌握在40厘米左右为宜。

（3）坡度宜缓：活动盖呈瓶塞状，上粗下细，上端大头与下端小头之间呈斜坡状，坡度缓时，容易密封；坡度陡时，密封胶泥遇水容易漏进池内，造成密封失败，一般活动盖大头直径比小头直径多20厘米，达到60厘米为宜。

（4）形状规则：活动盖大头与小头都是圆形，中间斜坡呈直线，横截面是一个标准的倒梯形。

（5）支模现浇：天窗口是浇筑活动盖板现成的外模具。先把天窗口按照设计的形状、大小、深浅、坡度抹好，使其与活动盖板的形状、大小、厚度、坡度相符，在其下面支一平模，用砂填饱缝隙，铺一层塑料布，放好钢筋，然后浇注混凝土，并原浆收光上表面。这种做法比用铝盆做模具适应性更强。

（6）提手钢筋宜粗：由于此钢筋常处于潮湿环境中，易生锈腐蚀折断，所以宜用直径10毫米以上的圆钢或花钢，有条件的可用防锈漆粉刷，尽量安装两个提手，并且钩住活动盖的内部钢筋。

（7）作方向线：水泥初凝时，用铁钉横穿活动盖上表面划一直线，直线两端抵达贮水圈根部，提起后重新安装活动盖时，对上方向线，密封效果才好。

（8）注意粉刷混凝土凝固后，提起并倒置活动盖，用密封胶和素水泥混合液认真粉刷三遍，天窗口一并粉刷。

## 四、沼气池渗漏检查及维修

修建沼气池，除了在施工过程中，对每道工序和施工的部位按相关标准规定的技术要求检查外，池体完工后，立即对沼气池各部分的几何尺寸进行复查；池体内表面应无蜂窝、麻面、裂纹、砂眼和孔隙，无渗水痕迹等明显缺陷，密封层不得有空壳和脱落；最后重点检查是否漏水、漏气。

### 1. 直接检查

进入池内，仔细观察池壁、池底、池盖及出料管与池体的衔接处等常见漏水、漏气部位有无裂缝、砂眼、小气孔等。并用小石块或小木棒敲击池体各处，如有空响，说明此处有翘壳或空洞，应立即查明部位和原因，采取相应的修补措施。

2. 漏水检查

向池内灌水至活动盖口，待池壁吸足水，水位稳定后，在水压间画出水位线，静止一昼夜后，水位没有下降，或下降不超过2厘米，说明不漏水。如漏至一定位置，未继续下降，根据这一位置，检查它的上方，可能有裂缝或空洞，然后将水排除采取相应的补修措施。

3. 气压检查法

用拭水检查法检查全池不漏水后，还要检查气箱部分是否漏气。气压法检查的程序是先将水灌至活动盖口下缘70～80厘米处，盖上活动盖板，用石灰胶泥（配比见本书第四章第一节）做好密封，然后将导气管接上压力表、开关，并关闭开关，继续由进料口向池内灌水。当压力表上升到8千帕（压力表读数8）时，停止加水同时在出料间液面上做好标记，经24小时后，观察压力表指针是否下降，或出料间液面是否下降，以确定是否漏气。一般水位没有下降或下降不超过2厘米，既为不漏气。如果压力表出现负压，说明沼气池漏水，应检查漏水部位，进行补修。

到目前为止，各种密封材料均有一定程度的漏气。由于各地的气温、大气压强均不一样，因此，在进行漏气量的计算时，都应折算成标准状态下的漏气量，然后计算渗漏率，在没有形成渗漏标准规范以前，目前我国各地普遍采用以一昼夜的沼气渗漏率不大于3%作为合格池。

4. 沼气池的维修

查出沼气池漏水、漏气部位后，注上标号，根据不同情况进行维修。

（1）如有裂缝，将裂缝凿成"V"形，再用1∶1水泥砂浆填塞"V"形槽，压实，抹光，然后用纯水泥浆涂刷2～3遍。

（2）如漏气原因不明，可将发酵间贮气部分先洗刷干净，然后用纯水泥浆刷2～3遍。

（3）如果发现有抹灰剥落或翘壳现象，应将其铲除，冲洗干净，重新按抹灰施工操作程序，认真、仔细分层上灰，薄抹重压。

（4）如果有地下水渗入池内，可用盐卤拌和水泥堵塞水孔，用灰包顶住敷塞水泥的地方，20分钟后，可取下灰包，再敷一层水泥盐卤材料，再用灰包顶住，如此连作3次，即可将地下水截住；也可以用硅酸钠溶液拌入水泥填入水孔，硅酸钠溶液与水泥合用，2～3分钟内便可凝结，为便于操作可加适量的水于硅酸钠溶液中，以减慢凝结速度。

（5）如果导气管与池盖交接处漏气，可将其周围部分凿开，拔出导气管，重新灌筑标号较高的水泥砂浆，或细石混凝土，并局部加厚，确保导气管的固定。

（6）池底下沉或池墙脱开，可将裂缝凿开成一定宽度、一定深度的沟槽并填以200号细石混凝土。

## 第二节　猪舍的建造

"猪—沼—果（菜、粮）"生态模式的猪舍是由沼气池、太阳能暖舍、厕所组成。建造猪舍时，要考虑猪舍、沼气池和塑料暖棚三者之间的优化组合配套，既要考虑猪舍冬季的保温、增温措施，又要考虑夏季的通风、降温，还要把采食、排便、活动和趴卧分开，达到一年四季都能适宜猪的生长发育。

1. 猪舍的建造

猪舍的建筑形状一般采用单列式拱型塑料膜暖圈，结构采用砖瓦水泥结构。在猪舍地面施工前要砌筑好输气管路通道。

（1）沼气输气管通道：在猪舍地面施工前要用砖砌筑好输气管路通道，砌筑时首先砌导气管周围的暗槽，导气管上端留两块活动砖，使砖的平面同水泥地面在一个平面上。通道宽 12 厘米，高 12 厘米，以 2%的坡度通向猪舍外。

（2）猪舍地面：用水泥抹平，要高出自然地面 20 厘米。猪舍地面要抹成 5%的坡度，坡向进料口。猪舍地面沼气池的进料口顶部要高出猪舍地面 2 厘米，顶口用钢筋做成箅子，钢筋之间的距离以能进入发酵原料为准。

（3）猪舍墙的砌筑：圈舍后墙高 1.8～2.1 米，中梁高2.2～2.6 米，前沿墙高 1 米，前后跨度（南北长）5 米，东西长度根据养猪数量自定，但最小长度要等于或大于 4 米，后墙与中梁之间用木椽搭棚，在檩上或椽上用高粱秸、芦苇、玉米秸勒箔，箔上抹 2 遍草泥，冬季上铺碎草并用玉米秸压住防寒。中梁与前沿墙之间搭成拱型支架，冬季上覆塑料薄膜，棚舍单栏前后跨度 4 米左右，宽 4 米，每棚可分一栏或多栏，栏与栏之间隔墙高 8 米，在靠近后墙处留 1 米宽人行道，猪床与人行道之间的隔墙高 0.8 米，下设食槽，每栏开一门。

为了加强冬季猪舍保温能力，北墙、外山墙采用保温复合墙体。可以用苯板、蛭石或经过处理的高粱壳、稻壳、锯末等做复合墙体保温材料。

沼气池建在猪舍地面下边，主池中心应该位于猪舍南北宽度的中心线上，北纬 37°以南地区，水压间（出料间）设在猪舍内、外部均可，冬季进行覆盖保温。北纬 37°以北及高寒地区水压间设在猪舍内为好，以便冬季池体保温。

（4）猪舍栅门和窗户：栅门用钢筋或木条制作，其宽度以 60 厘米、高 90～120 厘米为宜，并向内侧开放。窗户直接影响保温和通风，应该根据猪床面积来确定，南窗比北窗设置多些，一般窗宽 1.2 米，高 1 米，距地面 0.9～1 米为宜。

（5）猪舍北侧设置猪床：猪床的地势至少要高于沼气池水平面 20 厘米以上，面积要适宜，一头妊娠、哺乳母猪 5.5 平方米，公猪 10.5 平方米，断乳仔猪 0.5 平方米，肥育猪 1.2 平方米。猪床地面有硬地面和软地面两种。硬地面一般用混凝土现浇而成，并向粪尿沟方面有一定坡度，便于清扫、冲洗，使猪粪、尿直接流入沼气池。软地面系泥土，当前农村大部分的猪舍为泥地，这种地面不能用水直接冲洗，不利于猪尿的积聚和直接入池，不宜在模式中推广。

2. 厕所的建筑

在猪舍内一角建厕所，要求厕所面积不小于 2 平方米，厕所紧靠沼气池进料口，厕所蹲位地面高于猪舍地面 20 厘米以上，厕所集粪口通过一斜坡暗管或暗槽与沼气池进料口相通。

## 第三节　沼气配套系统的安装

沼气输配系统的配套设备包括输气管、弯头、直通、二通、三通、开关、调控净化器、凝水器（过压保护装置）、金属或塑料喉卡、沼气灯和沼气灶等。

1. 输气管的安装

在安装输气管时，不注意易使管子折扁，也同样影响沼气灶燃烧的效果。安装输气管不整齐、不规范，到处乱绕，不仅会增加输气的阻力，也会影响美观，更严重的是一旦出现漏气，管子老化开裂等情况，检查起来既慢又困难，更容易造成损失。所以，在安装输气管时，应当保证沼气畅通无阻，折弯处应用硬质管件连接起来，开关和压力表、灶具的连接处一定要卡紧。天气寒冷时输气管较硬，可以用热水烫一下，使其变软再连接，不要硬挤以免使管的接头受损裂缝。

（1）漏气检查：对于新的输气管，一定要检查管道是否漏气。先把一端装好开关的塑料管圈好，放入盛水的盆中。另一端用打气筒压入空气，观察塑料管、开关、接头处有无气泡出现。如有气泡出现，则冒出气泡之处就是漏气的部位。

（2）软塑料管的安装

①软塑料管采用沿墙敷设或埋地敷设，要保证管道有1%的坡度，坡向气水分离器或者沼气池，使管中冷凝水可以自动流进沼气池或气水分离器。

②采用架空敷设软塑料管时，穿过庭院，其高度需大于2.5米，最好拉紧一根粗钢丝，两头固定在墙壁或者其他的支撑物上，每隔0.5米左右将塑料管用钩针或者塑料绳箍紧在粗钢丝上，以避免塑料管下垂变形和积水。

③管道转角处，不可以拐急弯，也不可打死弯折扁管道，应呈大于90°的圆弧形的拐弯或接弯头。

④管道走向要合理，长度则越短越好，多余的管子要剪下来，不要把多余的管子盘成圈状保留在管路中，以避免增加沼气在管路中的压力损失。

（3）硬塑料管的安装

①室内管道沿墙敷设，用管卡固定在墙壁上，管卡的间距为50厘米。

②管道转弯处，应采用与管径相匹配的弯头及三通等管路配件连接。

③管道要尽可能的短（近）、直。在布线时，最好使管道的坡度与地形相适应，且在管道的最低点安装自动排水器或集水器。若地势平坦，应使室外管道有1%的坡度，坡向沼气池或者气水分离器。

④硬塑料管通常采用承插式胶粘剂连接。在用涂料胶黏接之

前，要检查管子和管件的质量和承插配合。若插入困难，可以先在开水中使承口胀大，不得使用锉刀或者砂纸加工承接表面或者用明火烘烤。涂敷胶粘剂的表面必须干燥、清洁，否则影响黏接的质量。

⑤通常采用漆刷或毛笔顺次均匀涂抹胶黏剂，先涂管件承口的内壁，后涂插口外表面。涂层应薄和匀，不能留有空隙。一经涂胶，即需承插连接。应注意插口必须对正插入承口，以防止歪斜引起局部胶黏剂被刮掉，产生漏气通道。插入时要求勿松动，切忌转动插入。插入后以承口端面周围有少量胶黏剂溢出为最佳。管子接好后不得转动，在通常操作温度（5℃以上）10 分钟后，方能移动。雨天不能进行室外管道连接。

（4）聚氯乙烯（PVC）硬塑料管道的安装

①一般采用室外地下挖沟敷设，室内沿墙敷设：室外管道埋深为 30 厘米，寒冷地区应在冰冻线以下，或覆盖秸草保温防冻，室外最好用砖砌成沟槽保护；室内输气管道沿墙敷设，用固定扣固定在墙壁上，与电线相距 20 厘米左右，不得与电线交叉。

②管道布线要尽可能短（近）、直：布线时最好使管道的坡度和地形相适应。在管道的最低点安装凝水器或自动排水器。如果地形平坦，管道坡度为 1%左右。开关和压力表应靠近灶具安装，以减少压力损失。

③硬塑料管道连接一般采用承插式胶黏连接：在涂敷胶黏剂前，必须先检查管子和管件的质量及承插配合。如插入困难应在温水中使承口胀大，不得使用锉刀或砂纸加工承插表面，也不得用明火烘烤加热。胶黏剂一般用漆刷或毛笔顺次均匀涂抹，先涂管件承口内壁后涂插口外表，涂层应薄而均匀。一经涂胶，即应承插连接，注意插口必须对正插入承口，防止歪插引起局部胶黏剂被刮掉而产生漏气通道。插入时务必按要求进足承口勿使松动，切忌转动插入。

需要拆装或更换部件的接口一般采用注塑成型螺纹管件连接。

（5）输气管气密性试验：管路竣工后，室外管和室内管都必须经过气密性试验。首先将沼气池总开关关上，再将最远端连接沼气灶具的输气软管拔开，然后向输气管内打气，当压力表上升到 8 千帕，迅速关闭打气端的开关，观察压力表是否下降，若压力表在 15 分钟内不下降，表明输气管不漏气。如果漏气，需要再向输气管中打气，使压力表上升到 8 千帕，然后用小毛刷蘸上洗衣粉水或肥皂水，往管道上刷拭，重点是输气管的接口处，有气泡的地方就是管道漏气的地方。需重新处理，确保无管道漏气。

2. 集水器

集水器（气水分离器）安装位置是沼气输配系统中第一个安装的部件，气水分离器前应安装总开关（单进双出开关），总开关安装在室外。

3. 沼气净化调控器的安装

（1）在墙上划好固定孔的位置，其高度为用户可平视调控净化器，一般高度为 1.25 米左右并使其与灶具水平位置错开 1 米左右。

（2）根据塑料膨胀管直径和长度，用冲击钻打好两个固定孔，将膨胀管打入孔内，用螺丝刀拧紧膨胀管，使钉头距离面 6 毫米左右，并保证膨胀管紧固，不能轻易拔出。

（3）检查调控净化器内部各零部件有无松动或损坏，各连接软管是否扭曲、转折死弯或松动，并查看脱硫剂颗粒是否堵住气孔，检查一切正常无误后，接好进出气管。

（4）检查调控净化器及输出管路系统气密性。在沼气池有气压的条件下，将沼气用具阀门关闭，打开调压开关，在 10 分钟内输出气压应不下降，证明管路系统无泄漏，即可使用，如有漏气现象，则应排除漏气后盖好面板方可使用。

4. 沼气开关

一般农村户用沼气输气系统可安装一个总开关和各用具控制开关。

用具开关要安装在沼气灶具的前方，用于供应、切断沼气或调节沼气的流量，安装高度既要便于成年人操作，又不能让小孩触摸，消除安全隐患。

5. 沼气灶

（1）沼气灶应安装在厨房内，安装灶具的房间高度应不低于2.2米，并有良好的自然通风条件。

（2）安装沼气用具的阻燃材料灶台高度为60～65厘米，宽度大于50厘米，窗台应高出灶具30厘米。在一个厨房内安装2台沼气灶时，其间距应大于50厘米；沼气用具背面与墙壁之间的距离应大于10厘米；沼气用具侧面与墙壁之间的距离应大于25厘米（见图3-34），如果墙面为易燃材料时，必须设隔热防火层。

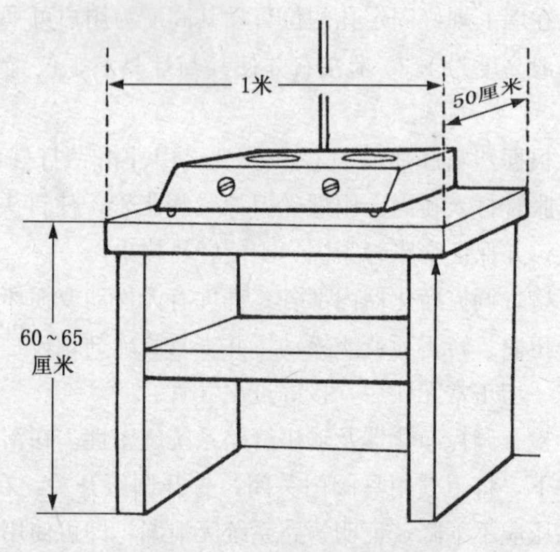


图3-34 沼气灶安装示意图

（3）沼气用具的燃气进口和软管的连接处必须采用管箍紧密连接，不得泄漏沼气，灶前不要留过长软管。撕去不锈钢灶面上的塑料保护膜，脉冲点火灶具还应装入一节5号碱性电池（注意电池正负极不要接反），按下灶旋钮能听到“哒哒哒”声音，说明电池已装好了，请用户记住“哒哒哒”声的速度，如过几个月“哒哒哒”声过慢就说明应该更换电池，如长期低电压工作，将会损坏脉冲点火器。

6. 沼气灯

户用沼气灯有吊式和座式两种，它具有省气、亮度大、造价低、使用方便的优点，主要由燃烧器、反光罩、玻璃罩及支架或底座等部分组成。

（1）在安装前应检查沼气灯的配件是否齐全，有无损伤。

（2）沼气灯应采用聚氯乙烯软管连接，管路走向不宜过长，不要盘卷，用管卡将管路固定在墙上。软管与灯的喷嘴连接处也应用固定卡或铁丝捆扎牢固，以防漏气或脱落。

（3）吊灯光源中心距顶棚高度以75厘米为宜，距室内地平面为2米，距电线、烟囱为1米。沼气灯的开关距地面1.45米。

（4）安装位置稳定，开关方便，软管不要折扭。

（5）为使沼气灯获得较好的照明效果，室内天花板、墙壁应尽量采用白色或黄色。

（6）安装完毕后应用沼气在1000毫米水柱的压力下进行气密性试验，持续1分钟，压力计数不应下降。

# 第四章 沼气池的启动与日常管理

“猪—沼—果（菜、粮）”生态农业模式沼气池生产运行管理是指从发酵原料的准备、配比到启动、产气、应用、日常管理等周而复始的运转过程，要使沼气池产气多，持续均衡产气、供肥，必须从开始投料起就认真抓好管理工作。

## 第一节 沼气池的启动

沼气发酵启动是人工制取沼气的关键环节，根据沼气发酵原理，采用科学的发酵工艺，就能成功地获取沼气。比如，夏季启动顺利的沼气池，在封池后 3～5 天即可点火使用；启动不顺利的沼气池，封池后 10 天甚至更长的时间都不能点火使用，有的甚至产生发酵抑制，需要重新配料启动。因此，必须十分重视采取科学的方法做好沼气发酵的启动工作。

### 一、发酵原料的准备和预处理

沼气发酵原料既是生产沼气的物质基础，又是沼气微生物赖以生存的营养物质来源。

1. 农村常用的沼气发酵原料

农村可以用来作沼气发酵原料的有很多，最常用的是人畜禽（猪、牛、羊、鸡、鸭、鹅等）粪便，各种作物秸秆（稻草、麦草、玉米秸）、青杂草、烂叶草、水葫芦、有机废渣与废水（酒糟、制豆腐的废渣水、屠宰场废水）等，都是很好的沼气发酵原料。

为了保证沼气池启动和发酵有充足而稳定的发酵原料，在投料前，需要选择有机营养适合的猪粪、牛粪、羊粪等做启动的发酵原料。因为这些粪便原料颗粒较细，含有较多的低分子化合物，氮素含量高，其碳氮比都小于 25 ∶ 1，都在适合发酵的碳氮比之内。但不要单独用鸡粪、人粪和甘薯渣启动，因为这类原料在沼气细菌少的情况下，料液容易酸化，使发酵不能正常进行。

2. 原料的准备

根据初始启动装料量为池容积的 80%、启动投料浓度为 6%～10%的原则，6 立方米沼气池至少应准备发酵固体原料 1500 千克（以鲜粪计，余同），8 立方米沼气池至少应准备发酵固体原料 2200 千克，10 立方米沼气池至少应准备发酵固体原料 2900 千克。

3. 原料预处理

新建沼气池或沼气池大换料启动前，必须准备好充足的发酵原料，在接种物的量（占发酵液总量的 30%以下）不是很足的情况下，一定要对发酵原料进行预处理，以防料液酸化。原料预处理的方法如下：

（1）铡碎或粉碎：把农作物秸秆铡碎或粉碎成 2～3 厘米长。这样，不仅破坏了秸秆表面的蜡质层，还增加了原料和沼气细菌的接触面，加快原料的分解，同时也便于进、出料工作的进行。经过粉碎的秸秆作物，一般可提高产气率 15%～20%。

（2）堆沤处理：为了避免原料入池后大量漂浮结壳，并适当降低原料碳氮比值，便于发酵和启动，将入池的发酵原料在投入沼气池前，应预先进行堆沤处理。堆沤时将鲜猪粪或鲜牛粪、马粪、羊粪等加水拌匀，加水量以料堆下部不出水为宜，料堆上加盖塑料膜，以便聚集热量和菌种繁殖。气温在15℃左右时堆沤4天，气温在20℃以上时堆沤2～3天。

4. 接种物的采集

沼气发酵是各类微生物共同作用的结果。一般投入的新鲜发酵原料本身带有的菌种很少，如果不预先富集和加入沼气菌种，将会迟迟不产气或产气甚微，所产沼气中的甲烷含量也很少，沼气质量差。沼气池启动时，如果加入丰富的沼气菌种，可以缩短沼气发酵的停滞期，加快产气速度，提高沼气产量和质量。

（1）接种物的来源

①接种物可直接抽取老沼气池的沼渣、沼液。

②阴沟污泥、湖泊与塘堰沉积污泥、城市下水道污泥，屠宰场、酒厂、味精厂、食品加工厂的污水、污泥，以及陈年老粪坑底部粪便、堆沤腐熟的动植物残体等，均富含沼气微生物，特别是产甲烷菌群，都可采集为接种物。

（2）接种物的接种量：接种物的接种量要视接种物的种类不同、质量好坏而定。对农村沼气发酵来说，采用下水道污泥作为接种物时，接种量一般为发酵料液的10%～30%；如采用老沼气池发酵液作为接种物时，接种量应占总发酵料液的20%以上；若以沼气池底层沉渣作接种物时，接种量应占总发酵料液的10%～15%。沼气池大出料时要留下10%～30%以活性污泥为主的料液作为接种物。

## 二、投料启动

1. 投料

就全年来讲，夏、秋季节投料最好，因为这个季节气温高，地温也高，有利于原料发酵。就每一天来讲，投料时应选择晴天中午开始投料。

(1) 投料量及容积控制：把发酵原料和接种物投入沼气池后，要向池中加水，初始启动装料量为池容积的80%，最大投料量为池容积的85%。折合成重量，6立方米沼气池最大加料液总量为5100千克（1500千克固体原料+3600千克水），8立方米沼气池最大加料液总量为6400千克（2200千克固体原料+4200千克水），10立方米沼气池最大加料液总量为8500千克（2900千克固体原料+5600千克水）。如因原料不足一次性投料不能达到要求投料量时，其最小投料量应使料液液面超过进料口上沿20厘米，超过出料间拱顶20厘米以封闭发酵间。

另外，沼气池的发酵浓度，应随季节不同（即发酵温度不同）而相应地变化。一般夏季气温高，原料分解快，料液浓度一般在6%～8%为宜；冬季气温低，原料分解慢，一般在10%～12%为宜。以禽粪、人粪为主的发酵原料初始启动浓度以4%～5%为宜，如果浓度过大，接种物过少可使溶液酸化。

产生沼气的原料必须有适量的水才有利于产气，这是因为沼气细菌吸收养分，排泄废物和进行其他生命活动都需要有适宜的水。若水量过少，发酵液太浓，容易积累大量的有机酸和使液面形成硬壳，使发酵受阻；若水量过多，则产气少。另一方面，加水温度高低对启动快慢影响很大，应该尽可能想办法采用温度较高的水，例如采用晒热的污水坑或池塘的水。也可在池边挖坑，铺上塑料薄膜洒水，总之要加20℃以上的水。不要将从井里抽出来的冷水直接加入沼气池里，以免造成池温下降，难以启动。

(2) 投料注意事项

①严禁向沼气池内投放各种剧毒农药，特别是有机杀菌剂、抗生素、驱虫剂等或者是近期喂过抗生素、驱虫剂的动物粪便等；刚消过毒的禽畜粪便、刚喷洒了农药的作物茎叶等；能做土农药的各种植物如苦皮藤、桃树叶、百部、马钱子果等；辛辣物如蒜、辣椒、韭菜等及其秸秆；重金属化合物、含有毒性物质的

工业废水、盐类以及洗衣粉、洗衣服水等都不能进入沼气池，以免使正常发酵遭到破坏，甚至停止产气。如出现这种情况，应将池内发酵液全部清除，并用清水冲洗干净，重新投料启动。

②禁止将电石（$CaC_2$）入池，以免杀死池内沼气微生物或引起爆炸。

③某些农副产品如菜籽饼（油饼）、棉籽饼、骨粉、过磷酸钙等入池后易产生有毒气体（磷酸三氢），故不能大量入池。

④严防地面积水（包括雨水、沟水）和屋檐水流入沼气池内，淹没气箱，冲淡料液浓度，降低池温，影响产气。

一旦发现投入有毒物质出现启动失败时，必须出清全部料液，用清水冲洗沼气池内壁，并吸干池内冲洗水，重新启动。

2. 沼气池的密封

投完料后，为了防止漏气或产气过旺时冲开活动盖，必须对活动盖进行密封。

密封时要选择黏性大的黏土和石灰作密封材料。先将干黏土筛去粗粒和杂物，黏土和石灰粉按（3～5）∶1 的配比（重量比）拌均匀后，加水拌和，揉搓成为硬面团状的石灰胶泥（不能太硬，也不能太软，要能填充活动盖和天窗口之间的缝隙），即可作为封池胶泥使用。

封盖前，先扫去粘在蓄水圈、活动盖底及周围边上的泥沙等杂物，再用水冲洗，使蓄水圈、活动盖表面洁净，以利黏结。清洗后，将揉发的石灰胶泥均匀地铺在活动盖口表面上，再把活动盖安放在胶泥上。注意活动盖与蓄水圈之间的间隙要均匀，用脚踏紧，使之紧密结合。然后插上插销，将水灌入蓄水圈内，养护1～2 天即可。

活动盖上的蓄水圈要经常加水，以防密封胶泥干裂，出现漏气。

3. 放气试火

在沼气发酵启动初期，所产生的气体主要是二氧化碳，同时封池时气箱内还有一定量的空气，气体中的甲烷含量低，通常不能燃烧。当沼气压力表上的水柱达到400毫米以上时，应放气试火。放气1～2次后，所产气体中的甲烷含量达到30%以上时，所产生的沼气即可点燃使用。刚开始产的气体有杂气，可燃成分比较低，试火时最好不要用电子点火，先用明火点燃使用一段时间，待风门调节到1/4～1/3时也能正常燃烧不脱火，才能用电子点火。

4. 启动完成

当池中所产生的沼气量基本稳定，点燃可持续燃烧后，说明沼气池内微生物数量、酸化和甲烷化细菌的活动已趋于平衡，pH值也较适宜，这时沼气发酵的启动阶段结束，进入正常运转。

## 第二节 日常管理技术

户用沼气池日常管理得好坏，直接影响着沼气池的产气情况。因此，要使沼气池产气好、产气旺，科学管理是少不了的。懒惰管不好沼气池，也用不好沼气池，家里建了沼气池，必须做个勤快人，要经常不断地按着要求，对沼气池进行科学管理，坚持勤加料、勤观察，进行合理操作，只有这样，沼气池才能真正地合理运转。

### 一、安全使用沼气

沼气是一种清洁、投资少、能给人类造福的生物能源。但是它和水、电一样，当人们没有掌握它的安全使用知识和技术的时候，也会给人类带来灾害，造成不必要的损失。

**（一）沼气正常使用率判定标准**

1. 很好标准

冬天双灶眼打开火苗很旺，且一日三餐都能烧饭炒菜（即一次性能烧开 6 千克的水）；夏天双灶眼打开火苗很旺，且一日三餐都能烧水烧饭炒菜（即一次性能烧开 8 千克的水）。

2. 好标准

冬天单灶眼打开火苗较旺，且一日两餐都能烧饭炒菜（即一次性能烧开 4 千克的水）；夏天单灶眼打开火苗旺，且一日三餐都能烧水烧饭炒菜（即一次性能烧开 6 千克的水）。

3. 较好标准

冬天单灶眼打开火苗一般，且一日两餐能炒菜（即一次性能烧开 2 千克的水）；夏天单灶眼打开火苗较旺，且一日三餐都能烧水炒菜（即一次性能烧开 4 千克的水）。

4. 较差标准

冬天单灶眼打开火苗较小，且一日一餐能炒菜或烧水（即一次性能烧开 1 千克的水）；夏天单灶眼打开火苗较旺，且一日两餐都能烧水炒菜（即一次性基本能烧开 2 千克的水）。

5. 很差标准

冬天单灶眼打开火苗很小，燃烧时间很短，且一日一餐勉强能炒菜或烧水（即一次性不能烧开 0.5 千克的水）；夏天单灶眼打开火苗很小，且一日一餐能炒菜或烧水（即一次性不能烧开 1 千克的水）。

**（二）沼气池的运行管理**

沼气能够正常燃烧，表明沼气发酵的各种条件比较适宜了，这时候沼气池就具备了一定的产气能力，发酵已进入运转阶段。

在这一阶段管理工作的好坏是关系到沼气池均衡产气、提高产气率的重要因素。

1. 安全管理

沼气池的安全管理必须做好以下工作：

（1）沼气池进出料口要加盖，防止人、畜掉进池内引起伤亡。

（2）要经常观察压力表水柱的变化。当沼气池产气旺盛，一般压力超过 8 千帕时，就表明池内压力过大，要及时用气、放气或从水压间舀出部分料液，以防胀坏气箱，冲开池盖。

（3）进出料要均衡，不能过量。当加料数量较大时，要打开管路及用器具开关，慢慢地加入。一次出料较多，压力表水柱下降到“0”时，也要打开开关，以免负压过大而损坏沼气池。

（4）在寒冷季节，北方猪舍上面要加盖塑料薄膜，在给猪只保温的同时也保护了沼气池免被冻坏或影响产气。

（5）进出料口应设置防雨水设施，以防雨水大量流入池内，压力突然加大，造成池子损坏。

（6）脱硫器在使用了一段时间后，脱硫器内的脱硫剂会变黑失去活性，脱硫效果降低，可能发生板结，增加沼气输送阻力，甚至使沼气不能通过。因此，脱硫剂一般 3 个月需再生一次，6 个月后应及时更换新的脱硫剂。

（7）要经常排除输气管路中的积水，以防积水过多导致管路输气不畅，尤其是在寒冷的冬季，积水结成冰，会堵塞甚至损坏输气管路。

（8）在沼气池使用过程中，当压力表指针上升到一定位置后，以较均匀的速度下降（未使用灶和灯的情况下）是漏水；如发现指针向进气方向相反的方向移动，即出现负压，这也说明沼气池漏水。发现沼气池漏水后要及时采取补救措施。

（9）室外普通塑料管道使用 4～5 年以后，由于老化就会变硬或者出现龟裂，甚至被老鼠咬坏；开关经常使用，零件也容易松动。这些情况都会引发漏气，所以每年都要进行一次气密性试验，及时更换损坏的零部件。

2. 安全用气

沼气和煤气、天然气一样易燃易爆，如果使用不当，容易引发火灾事故。同时，沼气中含少量的一氧化碳、硫化氢等有毒气体，使用不当就会造成人畜中毒，严重的会造成死亡。因此正确掌握沼气的安全使用方法和技术是非常必要的。

（1）新建的沼气池装料后，检查新建沼气池是否产生沼气时，应用输气管将沼气引到灶具上试验，严禁在导气管上直接点火试验，以免引起回火，使池内气体猛烈膨胀、爆炸，使池体破裂。

（2）入池操作人员，不准用打火机、火柴等点火照明，可用手电筒。

（3）若在有沼气输气管道通过的室内或厨房闻到有臭鸡蛋味，说明有沼气泄漏，此时坚决不准用火，必须立即关掉总开关，打开门窗，并且最好离开房间，这时千万不能使用明火。等室内无臭皮蛋味时，再检修漏气部位。确认已排除漏气问题，室内空气流通后，才可使用沼气。

（4）经常检查输气管道、开关等是否漏气，如果管道、开关漏气，要立即更换或修理。不用气时，要关好开关。

（5）产气正常的沼气池，应经常用气，夏秋产气快，每天晚上要将沼气烧完。如果因事需要离家几日，要在压力表安全瓶上端接一段输气管通往室外，使多余的沼气可以跑掉。

（6）点沼气灯和沼气炉时，应先擦火柴，后打开开关，并且点燃后要立即将火柴头熄灭，避免先开开关，沼气溢出过多，引起火灾或中毒。关闭时，要将开关拧紧，防止跑气。

（7）每次使用沼气前后，应将旋钮顺时针扭至初始关闭

（“OFF”）位置，听到“嗒”的一声后，再关闭沼气灶前管路上的开关。如果在使用前发现开关未关时不能点火，而应赶快关闭开关，打开门窗，通风换气后再使用。因为此时室内可能已经散发了大量沼气，一遇火就可能发生火灾或爆炸。所以，农户在使用沼气的过程中要养成用完即关的习惯，杜绝人为因素造成沼气泄漏引发事故。

（8）禁止小孩在沼气池附近玩耍和破坏沼气配套设施，以免造成火灾、烧伤、爆炸等事故；严禁小孩管理、使用和维修沼气池、灶具等。

（9）煮汤烧水时不宜装得太满，并且要有人看守，以免火被溢出的汤、水浇灭，而泄漏沼气，引发安全事故。

（10）在使用过程中要注意调节灶上的风门，以免缺氧造成燃烧不完全而产生一氧化碳有毒气体。

（11）一旦室内发生沼气燃烧，应立即关闭总开关，避免沼气燃入池内，发生爆炸事故。

3. 勤进料和勤出料

加入沼气池中的原料，经过沼气细菌发酵后，原料中的营养成分会逐渐被消耗或转化，如果不及时补充新鲜原料，沼气细菌就会“吃不饱”，产气量会下降，为了保证沼气细菌有充足的食物，一般新池投料或沼气池大换料后30天左右，当产气量显著下降时，应及时添加新鲜原料，并取出数量相等的沼液。

（1）进料和出料量的控制：生态模式沼气池采用半连续自动进料、出料方式，在每天打扫和冲洗猪圈、厕所时，粪便即可自动从进料管流入池内，而发酵后的料液则从出料口流出或由人工取出等量的沼液。为了保证原料在沼气池内能得到充分的分解发酵，以干物质计算，每天平均进料量，以每立方米沼气池每天不超过0.8千克为宜，如8立方米沼气池需干物质6.4千克，相当于32千克鲜猪粪（约6头50千克以上猪的产粪量），7～9月份可适当减少。如果存栏猪少，产粪量不足，应想方法补充其他原料。

（2）注意事项

①进多少出多少，做到进出平衡，保持池内发酵料液总量恒定。

②出料后要及时进料，保证料液不低于出料口上沿，防止沼气逸出。

③进出料后，如果发现进出料口的液面低于进出料口的上沿，应立即加入适量的水，用水封好沼气池。

④进出料时，必须停止用气。

⑤进料和出料的速度不能太快，应保证沼气池内压力缓慢上升或下降。

⑥进料用水不能为了省事而用沼液，以免长期使用后增高料液的浓度、金属离子浓度、氨气浓度及 pH 值等。

4. 发酵原料的搅拌

勤搅拌是提高沼气池产气量最重要的管理方法之一。

（1）搅拌的作用

①使发酵料液的浓度、温度、pH 值趋于一致，有利于营造沼气发酵适宜的环境条件。

②使发酵原料和微生物分布均匀，增加发酵原料与微生物的接触，促进微生物的代谢作用，提高产气速率。

③加快沼气向外扩散的速度，释放附着在发酵原料、微生物、池壁和池底上的沼气，从而加快发酵速度，提高产气速率。

④防止大量浮渣层的形成，从而避免或减少发酵主池内料液表面结壳。

（2）搅拌方法：如果制作了抽提筒可从进出口抽提沼液进行搅拌，如果没有制作抽提筒也可以用长柄的粪勺或其他器具从沼气池进料管伸入发酵间，来回拉动数十次，以搅拌池内的发酵液；或者从出料口舀出数桶沼液，再从进料口将沼液冲入池内，使粪液流动，起到搅拌作用。

（3）注意事项

①搅拌时搅拌用具插入沼气池的前端不能太尖，搅拌用具不要与池壁用力摩擦，也不能用力触池底，以免损伤沼气池密封层。

②对开展沼渣和沼液综合利用的农户，搅拌时应注意不要将生料带入出料间，用完搅拌装置后要用清水洗净木棍，以供下次使用。

5. 调节料液的酸碱度

沼气菌最适宜在 pH 值 6.5～7.5 的环境条件下生长繁殖，过酸或过碱，对沼气菌都不利。户用沼气池，若出现偏酸的情况，即 pH 值下降到 6.5 以下，就抑制了沼气细菌的活动，造成产气率下降。检验发酵原料是否过酸，可以用 pH 值试纸或 pH 值测试笔来测定。如果经检验发现原料过酸，可以选用下面 3 种方法来调节：

（1）取出部分发酵原料，并补充相等数量的含氮较多的发酵原料和水。

（2）将人、畜、粪尿拌入草木灰，一同加到沼气池内，不但可以调节酸碱度，而且还能提高料液的产气率。

（3）加入适量的石灰水澄清液，并与发酵液混合均匀，但要防止强碱对沼气细菌活性的破坏。

6. 定期大换料

目前农村大多数建池户都是以生产用肥代替出料，不用肥则不出料，这种状况应当改变。实践证明，沼气池及时出料并经常进行搅拌是保持长期均衡产气的最基本也是最有效的手段。沼气池运转时间越长产气情况越好。每年结合种植业的换茬生产，应进行一次大出料，出料主要是清除难以消化的残渣和沉积的泥沙等，保留20%～30%含有大量沼气微生物的污性泥和料液作为菌种。

为了下一次沼气发酵顺利进行，大出料应做到以下几点：

（1）清池除渣，特别是大换料时，要严格按安全要求进行，以免造成中毒等事故。

（2）大换料宜在春季或秋季进行，不要在低温季节进行，池温在10℃以下不能大换料，不宜在11月份至次年4月份大换料，因为低温下沼气池很难启动。

（3）大换料前20～30天应停止进料，同时应准备足够堆沤好的新原料。

（4）沼气池大换料时，应将脱硫器前的开关关闭。

（5）大换料时，应清出沼气池内70%的渣液，留下30%的渣液作接种物。

（6）沼气池在密封的情况下，加水试压和进料的速度不能过快，特别是当液面淹过进料、出料间管口以后，更要放慢速度，以免池内气体压力急剧增大或减小而损坏池体。沼气池出料时，也不能过快、过猛，以免产生较大负压，而破坏池体。在大量进料、出料时，要把输气导管拔掉，确定池内沼气已全部放完后，再打开活动盖（此时严禁有烟火接近沼气池），防止产生正压或负压。用污水泵抽出沼液或加水时，更应特别注意这一点。

（7）大出料后，迅速检修沼气池，因为沼气池经过一段时间使用后，气箱容易发生溶蚀性渗漏。大出料后，对有破损的池壁还要进行密封养护，以提高气箱密闭性，其方法是将气箱内壁清洗干净，刷1∶2水泥沙浆2～3遍。

（8）沼气池检修完后应立即投料装水，因为沼气池都是建在地下，在装料时，其内外压力相平衡，大出料后，料液对池壁压力为零，失去平衡。此时，地下水造成的压力容易损坏池壁和池底，形成废池，尤其是在雨季和地下水位高的地方，出料后更应立即投料装水。

## 二、沼气池的季节管理

### （一）沼气池春季管理技术

春季是沼气池整修、换料、入料等管理的关键时期，管理的好坏直接关系到沼气池应有效益的发挥。

1. 上年正常运行的沼气池管理

（1）及时检查：先检查一下沼气池体有无冻裂、冻烂现象，并及时修复。管道、气压表等易损件要经常检查有无损坏，并及时修理更换。

（2）要及时进、出料：为保证沼气池细菌进行正常的新陈代谢，使产气持久，就要不断地补充新鲜的发酵原料，更换部分旧料，做到勤加料、勤出料。春季进料一般每隔7～10天，原则是先出后进，出多少，补多少，干物质浓度应控制在8%以内。

（3）要经常测定和调节发酵液的pH值。

（4）要及时搅拌：冬季沼气使用一段时间后，沼气池内原料会产生上层结壳及底部沉降，影响正常产气。因此，要进行多次长时间的搅拌，使料液充分混合，以达到最佳产气效果。冬季没有正常使用的沼气户，必须进行多次长时间搅拌，将沉降在沼气池底部的原料搅动起来，抽出一部分沼液，然后从冬季正常使用的沼气池中填补等量的沼液，并加入少量新鲜原料，使之尽快产气。

2. 冬前新建的沼气池管理

（1）全面检查：对冬前新建的沼气池，首先检查有无冬季冻烂、冻裂现象，并进行及时维修，然后进行试水、试压，达到不漏水、不漏气后方可投料。

（2）科学投料：投料时要用充足的接种物，接种物一般用老沼气池里的沼液最好，也可用农村污水沟里的污泥代替；要注意不要加入有冻块的粪料，加入温水或晒过的水；进沼气池的原料首先要堆沤，春季堆沤时间宜长些，夏季堆沤时间可短些，以利于加快产气速度，提高产气量。

3. 开春后新建沼气池的管理

（1）新装料的沼气池，加入池内的水温应控制在35℃以上。除了加入30%左右的优质活性污泥和经过堆沤的优质原料外，启动2～3个月以后，每天应保持20千克左右的新鲜畜禽粪便入池，以保持发酵浓度。

（2）要经常搅拌沼气池内发酵原料。

（3）为保证沼气正常发酵利用，料液中禁止加入各种大剂量的发酵阻抑物。

4. 酸化池的管理

春暖花开，气温逐渐回暖，使用了一个冬天的沼气池，常常会出现产气质量下降、火焰由黄到红的现象。造成这种现象的主要原因是用户没有注意调节池内沼液的浓度。冬天沼气池粪多水少，发酵浓度提高了，保证了沼气池的正常使用。而入春后，气温上升却没有及时加水稀释调节。因此，春节过后要加大水量，抽出部分的沼渣，以夏季的发酵原料浓度加入原料，逐渐替换掉冬天高浓度的发酵原料。

根据病池轻重程度分两种情况进行处理：

（1）春病轻的沼气池（火焰由黄到红开始跳动时）加入石灰水，降低发酵原料的浓度，几天后就可以使用。

（2）春病重的沼气池（点不着火时）加入石灰水，降低发酵原料的浓度后，重新加入好的沼液。对于停用1个月以上的沼气池，需将老沼液抽出一半，再以6%的浓度，重新加入发酵原料与沼液。

### （二）沼气池夏季管理技术

夏季气温是一年中最高的，沼气池产气量也最多，为确保沼气池夏季正常安全使用，也需要进行科学的管理。

1. 注意勤换料、勤出料

夏季每5～10天进出料一次，每次加料量占发酵料液的3%～5%，折合每天应加5千克的人、畜粪便入池发酵。

2. 注意经常检查酸碱度

夏季沼气池管理要勤加水是因为夏季温度高，沼气发酵原料分解快，消耗原料的速度也快。产气量高，但水分消耗大，蒸发快，所以要经常向沼气池内加水，使发酵浓度保持在6%左右。

3. 注意经常检修

夏季需要对混凝土沼气池进行保湿养护，常用的保湿方法是将池顶覆土保持湿润状态。当池内压力过大时，应及时用气、放气，以防较大压力长时间作用于沼气池，对池体造成破坏。压力大时还容易造成管道漏气，应及时进行维护。

进出料口在下雨时要采取措施，防止雨水大量渗入沼气池，造成池内压力突然增大，损坏池体。正在使用沼气时，不可进出料，尤其是不能快速进出料，避免因沼气池内出现负压引起回火而发生爆炸。

如果输气管道、开关的各接头部位有发黑现象，就表示沼气池漏气，应对管路进行维修。

### （三）沼气池冬季管理技术

冬季气温较低，由于沼气池发酵原料的多样性，以自然温度发酵的沼气池冬季的管理显得格外重要。

温度是影响沼气发酵速度的关键因素，其影响的实质是酶的活动。在一定的范围内，温度越高，酶的流活性就越好，产气速度就越快。对于地埋式沼气池来讲，沼气发酵温度受地温的影响，而地温又受气温的影响，因此应该通过人为的措施，提高地温，并尽可能地保持地温的恒定。

1. 增加投料

进入冬季后，沼气菌分解有机物速度下降，需要加大发酵液的浓度，因此，需要比夏季增加投料量。加料时，应选择晴天进行，浓度可适当提高到10%～12%。并以富含氮元素的鲜猪粪、鲜牛粪、鲜羊粪等作为发酵原料，而不能用干麦草、玉米秸秆等纤维类发酵原料，以缩小碳氮比差，加快甲烷菌群的繁殖，促进产气。投料时以多次少量投料为好，不要一次性投料过多，防止酸化，且保持均衡产气。

2. 及时出料

沼液沼渣是很好的有机肥料，进入冬季前一定要及时大换料，以保证足够的贮气空间。特别是当沼气池发酵不正常，沼气表有压力而用气不够等病态池时，一定要及时处理水压间沼液。在清出沼液的同时，要注意补充进料。

3. 充分搅拌

冬季低温条件下沼气池更容易结壳、分层，所以需要加强搅拌。每隔1星期左右，在晴天中午，用人工搅拌或从水压间提出10桶沼液倒入进料口，使原料和微生物增加接触机会，促进微生物新陈代谢，防止沼气池内浮渣结壳。

4. 控制冷水

冬季气温、水温偏低，过量冷水入池会导致池内温度下降太快，影响产气，甚至不产气。因此，冬季要控制卫生间、猪圈过量的冷水进入沼气池内。

5. 增温保温

冬季在圈舍上面加盖一层塑料薄膜，形成太阳能暖圈，一方面能促进猪只生长，另一方面有利于沼气池的安全越冬。

6. 管线保养

冬季管线中容易形成冷凝水，甚至结冰堵塞管道。这时，要打开用气开关，发现压力表指针剧烈抖动或听到管中有水响，应及时排除冷凝水，避免堵塞。

室外管线若没有埋入地下或用稻草绳、碎布条、塑料薄膜包扎，容易被冻裂。要及时更换。室外管线由于冰冻坠挂，老化的管道易断裂，接头易松脱，要及时更换。

7. 适量添加添加剂

冬季要稳定产气，除对沼气池保温外，必须添加沼气添加剂，为发酵细菌提供生长繁殖所需的各种微量元素。可作添加剂的有煤粉、碳酸氢铵、蚕沙、米糠、磷肥等。

8. 新池不宜在冬季启用

冬季发酵困难，若在冬季启用新池，产气效果不好，对沼气池的长效使用会带来不利影响。同样的，也不宜在冬季进行大换料。专家提醒，沼气池严禁“空腹”过冬，老池在入冬前一般可取出2/3的料液用于冬季施肥，然后加1/3的新鲜原料，起到发酵增温保湿作用；新池应塞满秸秆、杂草堆沤发酵，以防池体冻裂，来年启用时再将堆沤物清除。未启用的新池虽不明显产气，但地下沼气池实际上处于半生产状态，应拔下导气管，以防冬季缓慢产气胀坏池体，或沼气外漏造成安全隐患。

## 三、提高户用沼气池产气量及节约用气措施

1. 提高户用沼气池产气量的措施

（1）沼气池发酵原料干物质浓度的控制：沼气池发酵原料干物质浓度、温度是决定产气多少的主要因素。在同等温度下，浓度高，产气率一般就高。在相同的浓度时，温度越高，产气率也

越高。所以，农村户用沼气池，春季进料，因温度越来越高，干物质浓度应控制在8%以内；秋季换料是池温最高时期，启动浓度应控制在6%以内，补料的浓度以8%～9%为宜。入冬前的大换料，池温越来越低，装料方法要得当，启动浓度以达到10%～12%为好。

（2）充分利用秸秆适时补料：为了充分利用秸秆，一年要进行3次大换料、两次大补料，才能保证全年2000～2500千克的秸秆入池。根据经验，应在麦收前、种麦前和入冬前进行3次大换料，在7月和11月进行两次大补料。这样，不仅效益显著，而且还能肥、气兼顾。如果入冬前不进行大换料，种麦前（9月）的大换料拖到第二年5月，时间长达8个月，而且9～12月池温较高，原料已进行了充分分解，春天气温又较低，就不可能产气多。这是目前沼气池冬季、春季效益不高的主要原因。所以，入冬前进行一次大换料，年产气量可增加很多。

（3）采用合理的进料方法：秸秆原料的预处理很关键。将秸秆铡成约3厘米长，均匀喷洒石灰水进行堆沤，待草堆内温度上升到40℃以上，再与畜粪混合作日常进料用。

2. 节约用气的措施

节约使用沼气，不仅可以节约能源，而且还可以为用户自己节省费用开支。

（1）灶具选用要合理：尽量选用高效炊事用具，如炒菜用熟铁锅或铝锅，煮饭、炖排骨等宜用高压锅；烧水可用铝壶。

（2）锅底有水要抹干后再上灶：根据锅底的大小，调整好锅支架的高低，使锅底置于火焰的约2/3处。总之，不要让火焰超出锅底边沿为宜。

（3）做好点火前的准备工作：使用沼气前，要先把菜洗好、切好，淘好米，并把油、盐、酱、醋等佐料放在炉边，然后再点火使用。如果边做饭边准备上述物品，就会空烧沼气，延长使用沼气的时间，造成沼气的浪费。

(4) 使用沼气时要随时调节火焰：根据锅底面积大小和火力强弱，随时调节火焰。该用大火时就用大火，该用小火时就用小火，该停时则停，不要火一点着就一烧到底。烧开水时，火焰宜大一点，若火焰小，持续时间长，向周围散失的热量就多，反而要多用气；蒸东西时，蒸锅水不要加得太多，一般以蒸好东西后锅内还剩半碗水为宜，东西蒸熟后则停火。

(5) 注意火焰燃烧情况，使之正常燃烧：如火焰发黄、发软，则应将风门调大一点；如火焰短而跳动，并离开火焰燃烧器火孔，则应将风门调小一点。正常的火焰应是蓝色、燃烧有力、不发软、不发飘、火焰内芯清晰、不连焰、不脱离燃烧器火孔。

(6) 防止风吹火焰：厨房作业遇有风时，应把门、窗关好，打开气窗或排风扇，以保持火焰燃烧的稳定性。否则，火焰如遇风吹，就会摇摆不定，热量扩散，既影响了燃烧，又浪费了燃气。

## 第三节　沼气产品的正确使用与维护

### 1. 正确使用沼气灶具

沼气灶使用前，应先阅读说明书和灶具上的铭牌，了解沼气灶的额定压力，热流量等性能。

(1) 保持沼气灶的清洁，从而保证优良的使用性能及长久的使用寿命。

(2) 经常清洗支架、盛液盘及面板。

(3) 清理燃气阀的大、小喷嘴，及引火头的污物，防止油污和杂物堵塞喷嘴；用细钢丝掏出喷嘴内的杂物，保证沼气畅通及正常使用。

(4) 经常清扫燃烧器的大、小火头；经常清理大、小火盖的火焰孔污物，防止油污和杂物堵塞火孔。

（5）检查电子脉冲点火总成的点火导线与点火针接头处的连接是否紧固，且要保持点火针尖的清洁，以保证正常点火。

（6）检查压电点火总成的点火导线与点火针接头处的连接是否紧固，且要保持点火针尖的清洁，以保证正常点火。

（7）检查沼气灶具的软管与进气管连接是否紧固，沼气管是否老化、有无损坏等，以避免泄漏沼气。

（8）使用时如突然发生漏气、跑火，应立即关闭灶具开关和灶前管道开关，然后请维修人员检修。

（9）定期向开关轴芯和开关压条上滴润滑油，每月滴 1 次，每次 2～3 滴。

（10）压电开关和脉冲开关都设有自锁装置，点火时应先向前推，再向左旋，如强行扭动，会损坏开关。压电开关动作应先慢推向左旋至 45°角，再快旋转至 90°。这样，可以让点火器周围充满沼气，容易点燃。

（11）产气正常的沼气池甲烷含量高，燃烧时需要比较充足的空气。刚投料或刚换料产气还不正常的沼气池甲烷含量低，如空气太多则会脱火、熄灭。因此需要根据具体情况来调节风门。风门是两个蝶形不锈钢片，分为大火风门和小火风门，位于炉头进气口前端，盖上就是关闭风门。灶具在正常使用时，先调大火风门再调小火风门，正常的火焰为蓝色。火焰偏红则证明甲烷含量低，气还不纯；火苗离开炉盘燃烧则为进风量过大；火焰连成一片为风门过小，风门过小时，火苗串得很高，看似火很大，但这种火焰热值不高。一般压电点火的灶具，需到气质较好时才能用电子点火，如气不纯，则不要急于用电子点火。

（12）电子点火灶具是一种压力适应范围较大的高效节能沼气灶，在 0.5 千帕或 5 千帕以上，都能正常燃烧。但最理想的压力是 1.6 千帕。如果压力偏高，需通过调压开关将沼气流量减小，使气流速度降低来提高电子点火率。

2. 沼气灯

（1）用户在使用沼气灯前，应阅读产品安装使用说明书，检查灯具内有无灰尘、污垢堵塞喷嘴及泥头火孔。检查喷嘴与引射器装配后是否同心，定位后是否固定。

（2）新灯使用前，应不安纱罩进行试烧。如火苗呈淡蓝色，短而有力，均匀地从泥头孔中喷出，呼呼发响，火焰又不离开泥头燃烧，无脱火、回火等现象，表明灯的性能好，即可关闭沼气阀门，待泥头冷却后安上纱罩。

（3）初用沼气灯或换新纱罩时，应将纱罩端正地紧扎在泥头上，不能偏斜。否则用灯时纱罩歪向一侧，会使玻璃罩受热不均而破裂。纱罩上的石棉线要绕扎两圈以上，打结扎牢后，剪去多余线头，然后将纱罩的皱褶拉直，分布均匀。

（4）点灯时，应先点火后开气，待压力升至一定高度，燃烧稳定、亮度正常后，为节约沼气，可调旋开关稍降压力，亮度仍可不变。

（5）刚点燃的沼气灯，有时呈红黄色，不亮。可伸出手掌，五指并拢，斜对玻璃罩下孔，再往手掌上吹气，折射到纱罩上，可使火焰白亮。不要直接往纱罩上猛力吹气，以防吹破。如仍不亮，应考虑到喷嘴不畅。可一手捏住吊杆，一手将灯帽边缘慢慢转动，随着轻的一声“砰”响，灯就亮了。

（6）避免纱罩罩斑：当沼气灯用过后，纱罩上会有如小指甲大小的炭黑（这是燃烧不均匀、不充分引起的），点燃时影响亮度和美观。科学正确的使用方法可避免沼气灯纱罩上出现黑斑。新纱罩第一次使用时，贮气要足，压力表上显示的水柱差应在60厘米左右。初点火时，开大开关，供足沼气，但要调小风孔，少带空气。待纱罩全部烧红后，再慢调喷嘴，增加空气输入量，使之猛烈燃烧，纱罩自动收缩，就会又圆又亮，此时应将喷嘴固定。旧纱罩点燃时，沼气开关应先小后大，以灯白亮为度。这不仅可消除炭黑，还可延长纱罩的使用寿命。

（7）玻璃灯罩的养护：使用沼气灯应有玻璃外罩，若无玻璃外罩灯点燃时会发出暗淡的黄光，影响正常使用且易引发事故。在沼气灯使用过程中，罩子易从离火源近的上部往下炸裂，有时甚至破成碎片。要想尽量延长玻璃外罩的使用寿命，除不慎打破的人为因素外，防止玻璃外罩脱落必须处理好点火、纱罩和玻璃罩 3 个方面的问题。

①点火。火宜先小后大，即送气先少后多，防止送气过猛点火时引起爆燃。因玻璃罩上部离火源近处温度突然升高，无法均匀扩散，会引起炸裂。

②纱罩。纱罩要端正地扎紧于泥头之上，防止偏斜歪烧；破损的要及时更换，以免明火从破洞中窜出，直射于外罩的某一点上。这两种情况都会使玻璃局部骤热，扩散不及而炸裂。

③玻璃罩

Ⅰ. 要保持干净、干燥，点灯时湿手不要摸罩子，罩上有水最易炸裂。

Ⅱ. 注意经常擦拭灯具上的反光罩、玻璃罩，以减少光的损耗，保持灯具应有的发光效率，并保持墙面及天花板的清洁。烟气熏污不要用湿抹布，尤其是不能用油腻的抹布擦拭。最好取下后，先捂住小头，用口向罩内哈气，再将一张废报纸揉软，慢慢擦抹，因纸上油墨去污力强，擦玻璃之类的灯罩必然光洁、明亮。

Ⅲ. 沼气灯纱罩燃烧后不能用手去摸。沼气灯纱罩是用人造纤维或萱麻纤维织成需要的罩形后，在硝酸钍的碱性溶液中浸泡，使纤维上吸满硝酸钍后晾干制成的。纱罩燃烧后，人造纤维就被烧掉了，剩下的是一层二氧化钍白色网架，二氧化钍是白色粉末，一触就破。所以，燃烧后纱罩不能用手摸或其他物体触击。因此，玻璃灯罩就是保护沼气灯纱罩不被蚊、蝇等撞击的。

Ⅳ. 在日常使用时，注意调节旋塞阀开度，达到沼气灯的额定压力，如果超压使用，容易造成纱罩及玻璃罩的破裂。

（8）经常检查，发现问题及时维修或更换部件。

（9）沼气灯最好每天都用，以防喷嘴被锈蚀、堵塞。

（10）定期清洗沼气旋塞，并涂以密封油，以防旋塞漏气。

3. 输气导管

管路系统正常使用 1 年应进行全面检查和维护。

（1）管路在运行中若发生断裂或接口漏气，应关闭沼气池出口开关，断开沼气，更换新管或修补接口。

（2）管路在运行中如有损坏，除可拆接口以外，应将损坏的部分割去，更换新管件。禁止使用不合规格的管件代替。

（3）室内有臭鸡蛋气味时应先打开门窗，让空气流通，然后用肥皂水涂抹管路的各个接口找出漏气点。在任何情况下，不得使用明火找漏。

（4）沼气管路集水时，应先检查排除管路中积水或改善坡度。

（5）不使用沼气时，沼气压力逐渐变小或沼气量明显减少，应检查管路是否有破损或接头处慢性漏气，用肥皂水检查管路，查出漏气部位进行修复或更换。

（6）管材和管件应保持有一定量的维修备品备件，保证管路系统正常维修。

（7）输气管道管材、管件使用 6 年后应更换。

4. 沼气调控净化器

（1）脱硫器：由于沼气中含有少量的硫化氢气体，硫化氢燃烧产生二氧化硫气体，该气体对金属有较强的腐蚀作用，因此，要防止灶具腐蚀，就必须对沼气进行脱硫处理，可用氧化铁等脱硫剂吸附除去沼气中的硫化氢气体。

脱硫剂使用 3 个月左右，如果变黑就失去了活性，脱硫效果降低，这时必须对脱硫剂进行再生处理或更换脱硫剂。

脱硫剂再生时，要关闭室外总开关和调控净化器开关。打开脱硫瓶将脱硫剂在 10 分钟内全部倒出，均匀疏松地堆放在平整、干净、背阳、通风的水泥地面或铁板上（绝对不能在脱硫器里通上空气再生，这是因为直接在调控器中通入空气来进行脱硫剂再生，脱硫剂遇到空气会发生化学反应，温度急剧升高，容易把脱硫器烧坏），严禁放在塑料制品、木板以及易燃物品上，避免燃烧引起火灾。晾晒时要经常翻动脱硫剂，使其与空气充分接触氧化再生，24 小时后待脱硫剂黑色逐渐变成橙、黄、褐色，再装入脱硫瓶中使用（重新装回脱硫瓶内时只装颗粒，严禁将脱硫剂粉末装回，防止粉末随管道进入灶具喷嘴，引起堵塞），补足缺失的脱硫剂。

脱硫剂一般 3 个月再生 1 次，6 个月必须更换新的脱硫剂。

沼气池换料时，必须将脱硫器前的开关关闭，禁止空气通过脱硫器。因为，沼气池换料时，通过输气管到脱硫器的气体已不是沼气，而是含有氧气的气体，一旦直接通入脱硫器，脱硫剂发生化学反应，温度急剧升高，就会损坏脱硫器塑料外壳，而导致脱硫器不能使用。

（2）压力表：使用中如果沼气压力过高就可能损坏压力表。当沼气压力过高暂时又不使用时，应在安全的情况下放掉沼气。

## 第四节　沼气中毒及烧伤的抢救

沼气和煤气、天然气一样易燃、易爆，如果使用不当，容易引发火灾事故。同时，沼气中含少量的一氧化碳、硫化氢等有毒气体，使用不当就会造成人、畜中毒，严重的会造成死亡。因此正确掌握沼气中毒抢救知识，能争分夺秒、有效降低中毒病人死亡的几率。

## 一、沼气中毒的抢救

空气中的二氧化碳含量一般为 0.03%～0.1%，氧气为 20.9%。当二氧化碳含量增加到 1.74%时，人们的呼吸就会加快、加深。换气量比原来增加 1.5%倍；二氧化碳含量增加到 10.4%时，人的忍受力就不能坚持到 30 秒钟以上；二氧化碳含量增加到 30%左右，人的呼吸就会受到抑制，以致麻木死亡。按氧气来说，当氧气下降到 12%时，人的呼吸就会明显加快；氧气下降到 5%时，人就会出现神智模糊的症状；如果人从新鲜空气环境里，突然进入氧气只有 4%以下的环境里时，40 秒钟内就会失去知觉，随之停止呼吸。而沼气池内，只有沼气，没有氧气，二氧化碳含量又占沼气的 35%左右，所以，在这种情况下，很自然就会使人立即死亡。这种情况多数发生在沼气池准备出料时，因为活动盖已打开好多天了，人们误以为沼气池里的有害气体已经排除干净，马上就下池。实际上，比空气轻一半的甲烷已经散发到空气中去了，但是，比空气重 1.53 倍的二氧化碳不容易从沼气池散发。因此，在二氧化碳比较多的情况下，人们一旦进入沼气池就会窒息。长时间不用的沼气池又被利用时，有的农户以为这些沼气池早就没气了，但是当把池内表面结壳戳破的时候，马上就有大量的沼气冒出来，使人立即窒息中毒。因此下池检修或清除沉渣时，必须事先采取安全防范措施，才能防止窒息和中毒事故的发生。

### 1. 沼气中毒的预防

（1）入池前，一定要将盖板揭开，把池内沼液抽走，使液面降至池壁上进、出料口以下，充分通风，并用小型吹风机等向池内鼓风，以排出池内残存的气体。当池内有了充足的新鲜空气后，人才能进入池内。入池前，应先进行动物试验，可将鸡、鸭、兔等小动物绑好放入篮子中，用绳子系好，放入沼气池中试验20分钟，如果没有出现不良反应，方可入池工作。如果动物表现异常，或出现昏迷，表明池内严重缺氧或有残存的有毒气体未排除干净，这时要严禁人员进入池内，而要继续通风排气。

（2）入池作业人员要穿胶鞋、戴手套，以皮肤不接触沼气池粪液为准。

（3）池上要有人守护。下池工作的人员要系上保险带（如果用绳索绑结要从腿跟处到胸背部都要绑紧，绳结的着力点在入池人员的后颈处，意在入池人员一旦中毒或受伤，池外人员通过绑结在身上的绳子，能顺利把入池人员竖直拉出），一旦发生危险，池上的守护人员可立即抢救。

（4）如果人员下池内工作，最好架上梯子，池外还要有专人守护。如果出现头昏、恶心等不舒服症状，立即爬出池外通风、救护，严禁单人入池操作。

（5）池内作业时间不宜过长，在出料和维修时，除有专人看护外，还要注意适时替换池内作业人员，免得一人作业时间过长而导致中毒。

（6）不准用沼气池贮存山芋、蔬菜等，因为山芋、蔬菜在贮存过程要进行生理氧化呼吸，消耗氧气排出二氧化碳，使池内二氧化碳浓度增加、氧气减少。如果沼气池内贮存山芋、蔬菜，人下池取时也会产生窒息中毒，危及生命安全。

2. 沼气中毒表现

若有意外中毒情况，根据中毒症状的轻重（与在沼气池中停留时间的长短、沼气池中的有害气体的浓度有着密切的关系），进行及时抢救，措施得当，都有治愈的可能。

（1）轻型：人进入沼气池后，立即昏倒，不省人事。被救出后，呼吸更深，张口呼吸，数分钟后清醒。

（2）中型：病人被救出后，出现阵发性、强直性全身痉挛，昏迷，面色苍白，心跳呼吸更快，起初瞳孔缩小，后转为正常。经抢救治疗后，大多数都不能回忆曾发生过什么事情，连自己下沼气池的事也不记得，定向力（辨别时间、地点的能力）暂时受到障碍。

（3）重型：在池内晕倒后，一般没有痉挛，或仅有微弱的抽搐；呼吸停止，但心跳还能继续；若抢救无效死亡，尸斑呈青紫色。

3. 中毒人员的急救

如果发生沼气中毒现象，应先将窒息人员抬到地面避风处，解开上衣和裤带，注意保暖。若病人身上有粪渣，应先清洗面部，掏出嘴里的粪渣，并抱住昏迷者胸部，让头部下垂，把吸入的粪液吐出。

（1）一旦发生池内人员昏倒，而又不能迅速救出时，应立即用鼓风机或吹风机等多种方法向池内送风，输入新鲜空气，切不可盲目入池抢救，以免造成多人连续中毒的事故。

如果非要入池抢救不可，抢救者入池后要憋住气，从窒息人员身后，拦腰抱住，拉出池外。如果一次救不出，需到池外换气后再救。也可以找来木梯，抢救者口含一橡皮管或塑料软管，软管另一头固定在池外，随时呼吸新鲜空气，通过木梯把伤员抱出池外。

（2）保温、通风、请医生：把患者抬到空气流通、温暖的地方，平躺，头部稍低，解开衣扣和腰带，使病人呼吸顺畅，用衣服盖好，避免受凉；同时派人请医生诊治，或向“120”呼救或送就近医院抢救。

（3）痉挛的处理

①冬眠灵或非那根（复方氯丙嗪）：成人每次 25～30 毫克，儿童每千克体重 1 毫克，肌内或静脉注射，静脉注射时按要求加

量，忌用吗啡和度冷丁。

②地西泮：成人每次 10～20 毫克，儿童每千克体重 0.04～0.20 毫克，用特定助剂稀释后缓慢静脉注射，效果如果不好，1 小时后再注射一次。

③鲁米那钠：成人每次 0.1～0.3 克，儿童每千克体重 5 毫克，肌内注射。

④阿米托钠：成人每次 0.1～0.3 克，儿童每千克体重 5 毫克，肌内注射。

（4）呼吸停止的救治：常用的人工呼吸方法有仰卧压胸法和吹气式人工呼吸法。

①仰卧压胸式人工呼吸法：首先使病人仰卧，腰部稍稍垫高，四肢伸直，头向后稍仰，把嘴弄开，舌拉出。然后操作者骑在患者的大腿部，两手平放在患者下胸部，拇指靠近胸口，其余四指稍弯伸平，用稳定不变的压力向前、向下压，然后恢复原状。如此反复一压一放，施压频率按正常人呼吸频率，每分钟 15～18 次，儿童可适当增加次数。

②吹气式人工呼吸法：使患者仰卧，方法同上，然后用纱布（或手帕）蒙住患者的鼻或口，操作者深吸一口气，口衔住患者鼻子（或口对口），用力吹气进入鼻孔，同时，用手闭住患者的嘴，不使气体漏出。反复吸气、吹气，频率仍按常人呼吸频率进行施救。

③肌内注射：用山梗茶碱（洛贝林），每次 3～6 毫克；可拉明每次 0.373 克。

④静脉点滴：用回苏灵每次 16～24 毫克。

（5）送医院高压氧舱治疗。

## 二、沼气烧伤的处理

1. 烧伤的预防

避免烧伤的方法就是要安全使用沼气。安全使用沼气的方法见本章第二节相关部分。

2. 烧伤的表现

烧（烫）伤一般分为三度。

Ⅰ度：表皮受伤，局部发红、肿胀、疼痛、表面较干而无水泡。

Ⅱ度：表皮全层坏死，局部红肿、疼痛剧烈、有明显水泡；如伤面愈合，会留有轻度瘢痕。

Ⅲ度：表皮全层以及皮下组织、肌肉、骨骼均损伤，局部疼痛消失，组织呈黑色焦痂，不起水泡。如伤面愈合，留下瘢痕或造成残废。

3. 烧伤人员的急救

一旦发生沼气失火事故时，要立即截断气源，使沼气不再输入室内，同时，迅速组织力量灭火。

（1）灭火：如果受伤人员身上着火，赶紧就地打滚灭火，或及时脱下着火的衣服，用湿被、湿毯子扑盖灭火。不要用手扑打火，更不能东奔西跑，惊慌失措，否则火借风势，助长燃烧。如在池内着火，要从上往下泼水灭火，并将人员尽快救出池外。

（2）保护创面：灭火后剪开衣物，用常温清水（净河水或自来水）冲掉伤面上污物，不要直接擦拭创伤面，用清洁衣服或被单保护创面或全身，寒冷季节要注意保暖，并根据受伤者的烧伤程度来处理，严重的要立即送医院抢救。

# 第五章　农村沼气设施故障检测与排除

沼气池的建造、管理和使用过程是一个技术要求比较复杂的系统工程，对其中的各个环节质量要求都较高，任何一个问题的出现，都会影响到沼气池的使用效果。为使沼气池能够长期稳定地发挥效益，必须学会对出现的各种问题进行正确的判断，掌握处理好各种故障的修复方法。

## 第一节　沼气池的故障诊断与解决

### 一、沼气池的故障诊断与解决

1. 新沼气池装料不产气，且燃烧不理想

新建沼气池装料后不产气，点火试气不燃烧。

（1）故障原因

①沼气池密封性不强，可能漏水或漏气；输气管道、开关等漏气。

②装料时没有加入足够数量的接种物，池内甲烷菌少，使沼气发酵不能进行。

③加入沼气池的料液温度低于 12℃，抑制了甲烷菌的生命活动。

④沼气池的发酵液浓度过大，初始所产生的乙酸甲烷菌消化不了，使挥发酸大量积累导致料液酸化。

⑤料液中有毒性物质，这种情况应格外引起用户注意。

（2）解决办法

①新建沼气池及输气系统均应进行试压检查，必须达到质量标准，保证不漏水、不漏气才能使用。

②排放池内不可燃气体，添加足够接种物，主要是加入活性污泥或者粪坑里的泥土、老沼气池中的粪渣液，或换掉大部分料液。

③对于料液温度低于12℃的情况，可采取加热水措施，提高池温到12℃以上。

④注意调节发酵液的pH值为6.5～7.5。调节pH值时要从进料口加入适量的草木灰或适量的氨水或石灰水等碱性物质，并在出料间取出粪液倒入进料口，同时用搅拌用具伸入进料口来回搅动。用石灰调节pH值时，不能直接加入石灰，只能用石灰水。石灰水的量也不能过多，因为石灰水的浓度过大，它将和池内的二氧化碳结合，而生成碳酸钙沉淀。

⑤对配合成分进行分析，发现有防腐剂、驱虫健胃剂、盐、铜、硒、磷、豆粕、菜粕、骨粉等，应将猪粪在池外预处理15天左右，让有害物质在预处理池内沉淀，使有毒气体挥发。然后将预处理后的猪粪入池内1/2（干物质浓度50%左右），增大甲烷菌种量就能使沼气池正常发酵，产生沼气。

2. 人畜粪料前期产气旺盛，随后产气逐渐减少

沼气池在换料时，投入人畜粪料后前期产气较好，但使用一段时间后产气减少，所产气不能点燃。

（1）故障原因：因为人畜粪易被沼气细菌分解，产气早而快。新鲜人畜粪入池后有30～40天的产气高峰期。如进一次料后不再补充新料，产气就会逐渐减少。

（2）解决办法：保证每天有新鲜原料入池，以达到均衡产气的目的。

3. 大换料前产气好，出料后重新装料产气不好

产气正常的沼气池，经过一次大换料后，在仍采用以前管理方式时，产气量较换料前明显下降。

（1）故障原因：产生该现象的主要原因是出料时没有注意破坏了顶口圈或出料后没有及时进料，引起池内壁特别是气箱干裂或因内外压力失去平衡而使池子破裂，造成漏水漏气或出料前就已破裂，只是被沉渣糊住而不漏，出料后便开始漏了。

（2）解决办法：出料后，立即对沼气池进行潮湿养护；进料前将池盖、池墙洗净擦干，刷纯水泥浆2～3遍；凡大出料后，要及时进料，以防池体干裂和保持内外压力平衡；在地下水位高的地方，雨水季节不要大出料。

4. 开始产气很好，三四个月后明显下降

开始产气很好，大约三四个月以后产气量明显下降，进出料口有鼓泡翻气现象。

（1）故障原因：主要是池内发酵原料已经结壳，沼气很难进入贮气间，而从出料口翻出去，特别是加了部分秸秆类原料的沼气池，结壳更严重。

（2）解决办法：打开活动盖（一定要注意安全），搅拌料液，打破结壳。

5. 产气正常的沼气池，产气率逐渐下降或突然明显下降

产气正常的沼气池在未进行任何操作的情况下，产气量明显下降或者突然不产气，严重影响了正常用气。

（1）故障原因：开关或管路接头处松动漏气；管道开裂或被老鼠咬破；活动盖被冲开；沼气池胀裂而漏水漏气；压力表中的水被冲走；用气后忘记关开关或开关关得不严；池内加入了农药等有毒物质，抑制或杀死了沼气细菌。

（2）解决办法：先看活动盖上的水是否鼓泡，再对池和输气

系统分别进行试压、检查，看是否漏气或漏水。如找出漏气、漏水处，要进行维修，否则需换掉一部分或大部分旧料，添加新鲜原料。

## 二、“病态池”的故障诊断与维修

农村推广的户用沼气池多为水压式沼气池，施工工艺有水泥砂浆砖石砌筑、模具现浇混凝土和组合式建池，其建造材料中的混凝土属多孔性材料，在建造、养护、运行管理等各个环节中有点不规范或不按“标准”实施就容易产生漏气、漏水等影响沼气正常利用的“病态池”。如何经济、有效地改造和修复“病态池”，对巩固和发展农村沼气建设的成果具有重要的意义。

1. 故障原因

（1）混凝土配料不合格、拌和不均匀，池墙未夯实筑牢，干后强烈收缩，造成池墙倾斜或砼不密实，有孔洞或有裂缝。

（2）池子建好后，养护不好，大出料后未及时进水、进料，经暴晒、霜冻而产生裂缝。或混凝土未达到规定的养护期，就急于加料，由于混凝土强度不够，而造成裂缝。

（3）池盖与池墙的交接处、拱顶与池墙的衔接处、发酵池与进出料管衔接处、导气管周围，因混凝土和砂浆级配不合要求或灰浆不饱满，黏结不牢而造成漏气。

（4）池墙、池盖粉刷质量差，毛细孔封闭不好，在气箱、池墙部分有砂眼和毛细孔造成慢性漏气漏水，或粉刷层与壳体黏合不牢造成翘壳。

（5）地址选择不当，地下水没处理好，地基土质过松或不紧、不均匀，没有采取加固措施，使沼气池受力不均造成胀裂、池底裂缝或局部沉陷。

（6）进出料管与池体结合部位衔接不好，池体下沉时使连接处裂缝。

（7）换料时池体、水压间、进出料管等受到机械损伤造成漏水漏气。

另外，建池技工的责任心强不强、施工工艺水平、农户管理水平等都会影响“病态池”的产生。在沼气池建好后，一定要进行水压、气压试压，证实不漏水、不漏气后才能投入使用，以免启动后发现“病态池”，给农户带来损失和造成不良影响。

2. 解决办法

查出沼气池漏水、漏气的确切部位后，注上记号，根据具体情况加以修补。

（1）裂缝的处理：先将裂缝凿深、凿宽成“V”形或“U”形沟槽，周围表面打毛，将松动的灰土洗刷干净，在沟槽内和打毛的表面先刷 1～2 遍素水泥浆，再用 1 ∶ 1 的水泥砂浆填塞沟槽，缝深超过 10 毫米的要分 2～3 次填平，并将填补的灰浆压实、抹光，然后参照建池工序的密封层施工法，刷 2～3 遍泥浆，再刷 3 遍密封类涂料。

（2）抹灰层翘壳或剥落现象的处理：将翘壳或剥落部位铲除掉，冲洗干净，重新按四层抹面水泥砂浆防水层的方法进行密封层的粉刷。

（3）池墙与池底连接处裂缝的处理：先把裂缝剔开一条宽 2 厘米、深 3 厘米的围边槽，并在池底和围边槽内，浇注一层约 4～5厘米厚的混凝土，使之连接成一个整体。

（4）沼气池底沉陷的处理：挖去池底开裂破碎部分，清除松软土基，用碎石或块石填实，并在填层上浇筑 150 号的混凝土，厚 5 厘米，表面粉刷 1 ∶ 2 的水泥砂浆一遍。注意修补面应超过损坏面。

（5）进、出料管裂缝的处理：进、出料管裂缝或断裂脱节的，应将断裂的管子挖出，重新安装。安装时必须将管子内外刷水泥浆2～3 遍，连接处用细石混凝土包接加箍，压实、抹光，然后在接头处粉刷一层水泥砂浆。

（6）拱顶与圈梁裂缝的处理：去掉拱顶覆土，直至露出圈梁外围。拱顶出现裂缝的，要在内、外两面同时按照墙壁裂缝的处理方法进行修补。修补好后，将圈梁外围的泥土夯实，然后重新填实覆土层。若是圈梁断裂的，则应先修补圈梁。方法是将圈梁外围凿毛洗刷干净，刷上一遍素水泥浆，用150号混凝土在圈梁外围浇筑一圈加强圈梁，内放Ⅰ级钢筋2根。待加强圈梁混凝土达到50％以上强度后，再回填覆土层。

（7）天窗盖密封不严漏气的处理：天窗盖密封不严漏气的可将其拉出，清除原来的胶泥胶块，重新在天窗口底座周沿覆抹合格的胶灰，装上天窗盖压紧，再把周沿缝隙用胶泥捣实，倒水密封保养即可。

（8）储气箱慢性漏气的处理：对于找不出明显原因的储气箱慢性漏气，一般是池体内上半部的表层密封不好所致。在池内密封层施工中，往往有一种误区，认为池拱盖不被料液浸淹，不存在漏水问题。实际上，不管采用何种方法建造沼气池，都属多孔性材料，水泥混凝土的空隙是甲烷分子的气箱慢性漏气，还要从提高密封施工工艺入手，可把储气箱内壁打毛，先用水泥砂浆粉刷，再刷几遍水泥净浆和密封涂料。

（9）对于活动盖口下圈碰伤严重的部位，可将表面刮毛，洗刷干净，刷一遍素水泥浆，再用1∶2的水泥砂浆修补，然后刷素水泥浆。对于碰损较轻的部位，刷1～2遍素水泥浆即可。

## 三、地震毁坏沼气池的故障诊断与维修

1. 故障原因

（1）整体破坏：沼气池整体破坏指在地震波的作用下，沼气池整体发生扭曲、断裂、破碎等。此形式破坏的沼气池无法进行维修，应立即组织力量对其进行填埋或在此重新修建沼气池。

（2）拉裂：池墙在地震波作用下，给予沼气池足够大的外力，在外力作用下达到了沼气池受力极限便会导致池墙、池拱、水压间拉裂破坏。

（3）错位：沼气池在受到外力不均的情况下，其部件间的结合部位非常容易错位，导致池体系统的破坏。常见的易错位部位有进料管、水压间、拱盖等部件与沼气池池墙的结合部位。

（4）下沉：当沼气池地基部分受外力作用影响发生断裂或整体下沉时，沼气池随之会整体下沉，但主体不会受到破坏。

2. 解决办法

（1）裂缝的处理同"病态池"裂缝的处理。

（2）抹灰层翘壳或剥落现象的处理：首先，将翘壳或剥落灰层铲除，冲洗干净。然后，重新按抹灰施工操作程序，分层上灰，薄抹重压，最后再涂刷纯水泥浆。

（3）渗水的处理：如果有地下水渗入池内，要用水玻璃堵塞水孔。在堵塞时，速度要快，尽量在几秒钟内完成。如果渗水孔流量大，且水压高，则用长 5 厘米、内径 1 厘米的软塑料管插向渗水处，在软管四周用 1 ∶ 1 的水泥砂浆与水玻璃结合封堵，然后堵上塑料管口，再加一层 1 ∶ 1 的水泥浆覆盖。

（4）导气管与混凝土交接处漏气的处理：将导气管周围部分凿开，拔出导气管，重新灌筑标号较高的水泥砂浆或细石混凝土，且局部要加厚，确保导气管固定。然后抹一层 1 ∶ 1 的水泥砂浆和粉刷纯水泥浆。

（5）池下沉导致池体拉裂的处理：将拉开部位凿开到一定宽度和深度的沟槽后，填灌 200 号的细石混凝土，待 24 小时凝固后，抹灰和刷纯水泥浆。

（6）为促进维修部分新老交接处的吻合，防止水泥受料液的腐蚀，且进一步提高沼气池的气密性，还需进行沼气池的整体处理。即用沼气专用密封剂，拌水泥扫刷沼气池一遍，密封剂的用法和用量以产品说明为准。然后，再进行沼气池的气密性测试，测试合格即可启用。

## 第二节 沼气灶的故障诊断与解决

1. 开关上的栓转不动，开度不够

（1）故障原因：缺油；栓帽压得太低。

（2）解决办法：加润滑油；松动栓帽。

2. 电子脉冲灶打火不灵或着火率低

（1）故障原因

①气源开关未开或沼气气质不好。

②输气管扭折、压扁、气路堵塞。

③电池电压不足或电池接触不良。

④点火器开关触点氧化，接触不良。

⑤脉冲炉头点火的放电间隙太近或太远。

⑥电极磁针与挡焰板的距离不当。

⑦电极挡焰板与点火喷嘴轴线的倾角不对。

⑧引火喷嘴堵塞。

⑨沼气压力太高。

（2）解决办法

①打开气源开关，调整发酵原料的配比。

②矫正或更换输气管。

③重新安装或更换电池。

④将电极簧片用细砂纸略磨几下。

⑤调整放电间隙，将中心分火器（小火盖）的缝隙与电极磁针的距离调至 4 毫米左右。

⑥将电极磁针与支架挡焰板的距离调至 4 毫米左右。

⑦用尖嘴钳调整支架上的挡板与点火喷嘴轴线的倾角为20°。

⑧用内径为0.4毫米针疏通引火喷嘴。

⑨用调控净化器开关调节灶前压力处于工作区。

3. 电子脉冲灶点着火后，仍发出脉冲打火时"嗤、嗤"声

（1）故障原因：点火后，旋钮开关弹簧未回位，从而导致开关未完全关闭。

（2）解决办法：将旋钮开关提起复位。

4. 火焰大小不均或波动

（1）故障原因：主要是因为燃烧器放偏、喷嘴没有对准、火孔被堵或输气管道、灶具中积有冷凝水。

（2）解决办法：应经常清扫炉盖的出火孔。将灶具翻过来，可看见燃烧头背面有一个销子，将其拔出，燃烧头即可以拿下来。清除燃烧头腔内和引射管内的杂质。安装的时候，先将燃烧头对准总成向前推紧，待燃烧头固定销头卡入灶头安装架上，插入销子即可。

5. 火焰长而弱，东飘西荡

（1）故障原因：沼气太多，空气不足，特别是一次空气不足，使沼气燃烧不完全。

（2）解决办法：关小灶前开关，控制适当的灶前沼气压力；开大调风板，增加一次空气量，至产生短而有力的浅蓝色火焰。

6. 灶的外圈火焰脱火

（1）故障原因：灶具使用一段时间后，燃烧器上的火孔被堵，火孔面积减少，造成一次空气引射不足。

（2）解决办法：取下火盖轻振，或用细钢丝穿通被堵塞的火孔；如不能恢复原状，应更换新火盖。

7. 火焰脱离燃烧器

（1）故障原因：沼气灶前压力太高；喷嘴被堵，一次空气过多；沼气热值较小，即甲烷含量低。

（2）解决办法：控制灶前压力；清除喷嘴中的障碍物；除了沼气池刚启动时甲烷含量低的情况外，还要注意沼气池的日常管理和及时处理病态池，提高沼气中甲烷的含量。

8. 灶具安放在灶膛内，火焰从炉口窜出

（1）故障原因：炉口过小，空气供给不足，排烟不畅通。

（2）解决办法：加大炉口，用适当尺寸的锅，使锅与灶膛锅圈有一定的空隙，使烟气能够排出。

9. 火焰过猛，燃烧声音太大

（1）故障原因：灶前沼气压力太大；一次进入空气量过多。

（2）解决办法：控制灶前开关，调节灶前压力；关小调风板。

10. 火焰摆动，有红黄闪光或黑烟，甚至有臭味

（1）故障原因：孔径太小，首次或二次空气进入不足，或燃烧器堵塞。

（2）解决办法：清扫和清洗燃烧器，或加大喷嘴和燃烧器的距离，或调整二次通风器。

11. 使用灶具时，火焰长而无力

（1）故障原因：首次进入空气量不足；炉火或分火器（火盖）未装好。

（2）解决办法：调节风门，开大至适当位置；将炉头、分火器（火盖）放平。

12. 沼气灶燃烧时，火力时强时弱，有时断火，压力表上下波动

（1）故障原因：主要原因是输气管道内有积水。

（2）解决办法：将沼气池出口一端输气管拔掉，将积水排除。

13. 回火

（1）故障原因：一次空气量过多；锅底与火盖距离过小，造成燃烧器过热；火盖上杂物过多，使气流不畅。

（2）解决办法：关小调风板，至火焰呈蓝色、短而有力；提高锅底的高度到能正常燃烧；清除杂物，清通火孔。

14. 电子脉冲灶的电池盒或导线被烧坏

（1）故障原因：在夏季，沼气灶前压力太大，远超过灶具燃烧的气压，灶具燃烧的火焰太高；使用过程中当火焰太高时，未及时调节调风门，混合气中的一次空气量偏小。

（2）解决办法：调小灶前开关，适当地降低使用时的沼气灶前压力至额定工作压力。调节调风门，增大一次空气量，使火焰呈蓝色、短且有力。

15. 电子脉冲灶停止使用一段时间后，再次使用，点不着火

（1）故障原因：停止使用前，未取出电池，电池漏液腐蚀电池盒上的电极。

（2）解决办法：更换已损坏的电池盒和电池。

16. 漏气或有异味

（1）故障原因：输气管道破损造成漏气；配件接头松动漏气；燃气阀的大、小燃气管和燃烧器的大、小燃气孔之间的连接不好。

（2）解决办法：更换输气管；检查配件接头，更换损坏配件或紧固接头；重新连接严密燃气阀的大、小燃气管与燃烧器的大、小燃气孔。

17. 旋钮开关失灵

（1）故障原因：旋钮开关生锈被卡，尤其是在停止使用一段

时间后，重新使用时易出现。

（2）解决办法：拆卸、清洗旋钮开关，加润滑油后再重新组装。

## 第三节　沼气灯的故障诊断与解决

1．沼气灯点不亮或时明时暗

（1）故障原因：沼气中甲烷含量低，压力不足，喷嘴口径不当、纱罩存放过久受潮质次、喷嘴堵塞或偏斜、输气管内有积水。

（2）解决办法：添加发酵原料和接种物，提高沼气量和甲烷含量；扭大开关；选用150～200支光的优质纱罩；拧正或疏通喷嘴；及时排除管道内的积水。

2．使用沼气灯时纱罩网架外有明火

（1）故障原因

①沼气量过大，或首次空气进入不足。

②喷嘴过大。

（2）解决办法

①调节开关，降低沼气压力，或转动沼气灯加大首次空气进入量，直到明火消失。

②更换小喷嘴。

3．沼气灯灯光由正常变弱

（1）故障原因

①沼气压力降低，气量减小。

②喷嘴堵塞。

（2）解决办法

①调节开关，增大沼气量。

②用针或钢丝疏通喷嘴。

4. 沼气灯灯光忽明忽暗

（1）故障原因

①引射器设计、加工得不好，导致燃烧不稳定。

②输气管中有积水，沼气中含有水分。

③沼气灯喷嘴或输气管被异物堵塞。

（2）解决办法

①更换引射器。

②清除管路中积水，并在合适的位置安装集水瓶。

③疏通喷嘴或输气管道。

5. 沼气虽多，但沼气灯灯光发红无白光

（1）故障原因

①喷嘴孔径过小或堵塞，进沼气量少。

②喷嘴孔径过大，首次空气引射不足。

③调风孔的位置未调好。

④纱罩长期不用受潮，质量不佳。

（2）解决办法

①更换喷嘴或清理喷嘴，加大沼气量。

②摸索操作经验，反复调试调风圈，调节空气进气量。

③更换纱罩。

6. 沼气灯纱罩破裂脱落

（1）故障原因

①沼气压力过高。

②耐火泥头破碎，中间有火孔。

③纱罩烧成形后受损。

（2）解决办法

①调节沼气灯前压力为额定压力。

②泥头如有损坏立即更换新泥头。

③安装纱罩时将纱罩均匀地捆扎在泥头上。

7. 沼气灯玻璃罩破裂

(1) 故障原因

①玻璃罩本身热稳定性不好。

②纱罩破裂，高温热烟气冲击。

③沼气压力较高造成的。

(2) 解决办法

①采用热稳定性好的玻璃罩。

②及时更换损坏的纱罩。

③控制沼气灯的压力不要过高。

## 第四节 沼气输气设备的故障诊断与解决

沼气输气设备通常包括导气管、集水器、输气管、开关、接头等。

1. 导气管

(1) 故障原因：导气管的主要故障是破裂或连接处漏气。检查时在导气管与池子的接头处或与输气管接头处涂抹肥皂水，看看有无气泡产生。若有气泡出现，说明该处漏气。

(2) 解决办法

①若是导气管破裂或与池体的接头处漏气，导气管未松动，周围漏气的，可将导气管周围内外两面的混凝土凿毛，洗涮干净，刷素水泥浆一遍，再用1：2的水泥砂浆嵌补压实，然后在内外表面刷两遍素水泥浆；若导气管已松动，可拔出导气管，将导气管外壁表面刮毛，重新灌筑较高标号的水泥砂浆，并局部加厚，以确保导气管的固定。

②若与输气管接头处漏气，可把输气管拔下，剪去损坏的管重新接上去。

2. 输气管、开关及接头等漏气

（1）故障原因：输气管、开关及接头等漏气可用毛刷蘸肥皂水在导气管、输气管及开关、直通、三通、弯头、大小头等接头处涂抹，看有无气泡产生。若有气泡，说明该处漏气。

（2）解决办法：对漏气的输气管道、开关进行更换，漏气的接头重新安装并紧固。

3. 开关

（1）故障原因：开关使用一段时间后，由于长时间反复使用，容易发生漏气现象。检查时用小刷将肥皂水刷到开关上，有气泡的地方就是漏气的地方；严禁将开关浸泡在水中测试。如密封油浸泡在水中容易致使部分密封油漂浮在水面上，减少密封性能，出现开关漏气的现象。

（2）解决办法：是金属开关或是塑料开关，将开关拆开，扭下旋转轴，将"黄黏油"涂抹在轴上，重新装配后即可。"黄黏油"既防漏又起润滑作用，但不要堵塞通气孔；若维修后还是漏气，就要及时更换新件。

4. 气水分离器

（1）故障原因：气水分离器是用来收集沼气中的水蒸气的。一般沼气中含有一定量的饱和水蒸气，池温越高，水蒸气越多。当水蒸气经过输气管道遇冷后就冷凝成水，积聚在管道中，堵塞输气管道，使沼气输送受阻，影响灶具正常燃烧。检查时看气水分离器是否安装的离导气管太近。

（2）解决办法：气水分离器分为手动集水器和自动集水器，手动气水分离器水满时应及时排水，否则会造成堵塞使管路不畅。

# 第五节 沼气调控净化器的故障诊断与解决

## 一、沼气脱硫器的故障诊断与解决

### 1. 硫器外壳发生软化变形甚至烧坏

(1) 故障原因

①对于正常产气的沼气池，在从出料间大量出料时，用户使用沼气做饭，就会使脱硫器内进入大量空气，脱硫剂发生还原反应产生大量的热，烧坏脱硫器。

②用户在用气的过程中，沼气池因产气量大顶开活动盖或重新装料导致活动盖开启，即使重新密封后，沼气池贮气间也会存在大量空气。沼气池重新产气后这部分空气会从管道中进入脱硫器，与脱硫剂发生还原反应烧坏脱硫器。大量空气中的氧气与脱硫器中的脱硫剂发生化学反应并释放强热所致。

(2) 解决办法

①使用灯具、灶具时，严禁出料。

②一次性出料较多时，应关闭输气管道上的总开关及调控净化器上的开关。

### 2. 安装脱硫器后出现气流不畅现象

(1) 故障原因：运输过程中，脱硫剂颗粒滚进脱硫器进、出气孔，卡住输气管道使气流不畅。

(2) 解决办法：抖动脱硫瓶，使管道畅通。

### 3. 脱硫器漏气

(1) 故障原因

①脱硫器瓶盖内密封垫圈没有装好。

②输气管与脱硫器连接处密封不良。

（2）解决办法

①将脱硫器瓶盖取下，把内盖中密封垫圈摆正，重新装上并扭紧。

②将管道接头连好并拧紧卡箍。

## 二、沼气压力表的故障诊断与解决

1. 池产气很好，水柱上升快，压力表升到一定位置就不再上升了

沼气池投料发酵启动后，压力表显示有气产生，但压力表液面上升较慢，说明存在产气少或池子漏气的现象。

（1）故障原因

①气箱或管道漏气。

②进料管或出料管有漏水孔。

（2）解决办法：检修沼气池气箱或管道，堵塞进、出料管出现的漏水孔。

2. 压力表指针读数很高，但气不够用

气压表水银柱位置的高低，是衡量沼气池内沼气压力大小的标志，并不完全说明池内沼气量的多少。

（1）故障原因

①沼气池因为大量的雨水经进料口流入或发酵料液过多，造成气箱容积太小。

②沼气产生时，池内压力增大，压力表上的水柱很快上升，但贮存的沼气量并不多。所以当使用时，池内的沼气迅速减少，水柱很快下降，用气不久，池内的沼气就用完了。

③沼气气箱容积正常，即沼气的量够，此时压力表水银柱较高但沼气中甲烷太少，使沼气热值降低。为了保证火旺，沼气的耗量增加，沼气很快耗完。

（2）解决办法：要按设计要求修建水压间；要求平时做到勤

进料，勤出料；保持零压时，料液面平水箱低或上下处，不能过多过少；雨水季节不要让雨水流入进料口。

3. 压力表指针上升时快时慢，当指针上升到一定高度时，就不再上升

沼气池发酵产气之初，压力表上升较快，但随着发酵的进行，压力表上升反而越来越慢，最后压力表液面未升至额定压力就停止上升了。

（1）故障原因

①贮气间或输气系统慢跑气，漏气量与压力成正比，压力越高漏气越多。压力低，产气大于漏气，压力表读数上升，当压力上升到一定高度，产气与漏气相平衡，压力表指针就不再上升。

②进料管或水压间（出料间）有漏水孔。当池内压力升高，进料管或水压间（出料间）液面上升到漏水孔位置，沼液渗漏出池外，使压力不能升高。

③沼气池池墙上部有漏气孔，料液淹没时不漏气，当沼气把料液压下去时就漏气。

④零压水位低，料液淹没进料管下口上沿和水压间（出料间）通道顶部太浅，当沼气装满贮气间后，再产的沼气就从进料管或水压间（出料间）漏出。

⑤水压间起始液面过高，当池内产气到一定程度时，料液超出水压间而外溢。

（2）解决办法：检查沼气池及进出料间和输气系统是否漏气或漏水，找到漏处进行维修；如发酵料液不够，从进料口加料加水至高于进、出料口上沿 20 厘米；定期出料，始终保持液面不超高。

4. 压力表水柱虽高，但一经使用就急剧下降，火力弱，关上开关又回到原处

（1）故障原因

①导气管堵塞，或管件接头堵塞。

②输气管道转弯处扭折，管壁受压而贴在一起，使沼气难以导出或流通不畅。

③沼气池至灶具的输气管道过长造成管道沿程压力损失大。

④安装的管道内径小，或开关等管件内径小。

（2）解决办法

①检查管道，及时疏通导气管或整理管道扭曲压瘪的地方。

②加大输气管和管件的内孔径。

③减少沼气池至灶具的输气距离。

5. 开关打开，压力表水柱上下波动

（1）故障原因：主要是输气系统漏气，且管道内有凝结水的现象。

（2）解决办法：这要对输气系统进行试压检验，查出漏气处，如管道漏气，从漏气处剪断，再用接头连接好；如接头处漏气，则拔出管子，在接头上涂上“黄黏油”，再将管道套上并用扎线捆紧；如开关漏气，修不好则应更换新开关；放掉管道内凝结水，并在输气管最低处安装凝水器。

6. 打开开关，压力表水柱上下波动，火力时强时弱

（1）故障原因：主要是由于输气管安装不合理，致使管道内积存冷凝水，沼气流通不畅。

（2）解决办法：安装输气管应向沼气池方向有1%的坡度，或在管道最低处（应在猪舍内以防结冰）加装一个凝水器。

7. 从水压间取肥，压力表水柱倒流入输气管

（1）故障原因：主要由于开关、活动盖未打时，在出料间里出肥过多，池内液面迅速下降，使其出现负压，把压力表内水柱吸入输气管中。

（2）解决办法：大出料应在池顶口进行。小出料过多时应将输气管从导气管上拔下来，取完肥仍安装好管道。或出多少料进

多少料，使液面保持平衡，防止出现负压。

8. 压力表显示无压力，但有气能烧

（1）故障原因：沼气池的贮气间不漏气，发酵间或进、出料间的中上部可能漏水。

（2）解决办法：补漏。

9. 压力表显示压力高，但燃烧效果不好

（1）故障原因

①进风量不当。

②沼气中甲烷含量少。

③输气管道太长。

④各连接件、开关多，或内径小、堵塞。

（2）解决办法

①调节风门。

②促进发酵。

③缩短管道长度。

④减少连接件、开关，更换或疏通管道。

10. 打开室内开关，尚未使用灯和灶，但压力表指针下降

（1）故障原因：室内输气系统漏气。

（2）解决办法：要对室内输气系统进行试压检验，查出漏气处，如管道漏气，从漏气处剪断，再用接头连接好；如接头处漏气，则拔出管子，在接头上涂上“黄黏油”，再将管箍拧紧；如开关漏气，则应更换新开关。

11. 指示针不能回零

（1）故障原因：指示针不回零。

（2）解决办法：将压力表盖打开，把指示针取下在零位重新装上即可（如仍不能恢复正常，可能系指针连接卡轮出轨，发生此类故障只能返厂维修）。

12. 压力表内漏气

可用毛刷蘸肥皂水在压力表的接口处涂抹，看有无气泡产生。若有气泡，说明该处漏气。

（1）故障原因

①压丝松动。

②橡皮膜杯漏气。

③使用 4～5 年以后压力不准。

④金属膜盒焊接不牢或腐蚀穿孔所致。

（2）解决办法

①上紧螺丝。

②到购买表处买一只橡皮膜杯自己就可以更换，更换时要把进气口与表体的插槽对好，拧紧压丝。

③到销售处更换弹簧。

④更换新的压力表或返厂维修。

13. 压力表显示玻璃管内的刻度不能随液面升降而变动

（1）故障原因

①平衡器上活塞内空气未排尽。

②因上活塞内液体太少而造成其压力不足，使活塞变形卡住不能正常工作。

（2）解决办法：将平衡器内液体全部倒出，并重新加注液体将上活塞内空气完全排除，使液面与玻璃管零刻度一致即可。

# 第六章　沼气发酵残留物的综合利用

沼气发酵残留物的利用主要是指沼液和沼渣的综合利用，由于其主要用做肥料，故又俗称沼液肥。据测定，沼渣和沼液中含有丰富的营养物质和生物活性物质，不但可作为缓速兼备的肥料和土壤改良剂，而且还可以作为病虫害防治剂、浸种剂、饲料等，用于种植、养殖等方面。

## 第一节　沼液、沼渣在果树上的应用

### 一、沼液在果树上的应用

据测定，沼液中含有丰富的氮、磷、钾、钠、钙、各类氨基酸、维生素、蛋白质、赤霉素、生长素、糖类、核酸以及抗生素等营养元素，因此，沼液可用做追肥、叶面喷肥等。做根外追肥，其效果比化肥好，并且沼液喷施在作物生长季节都能进行。沼液既可单施，也可与化肥、农药、生长剂等混合喷施；叶面喷施沼液，可调节作物生长代谢，补充营养，促进生长平衡，增强光合作用，尤其是当果树进入花期、孕育期、灌浆期和果实膨大期喷施，有利于花芽分化，保花保果，果实增重快，光泽度好，成熟一致，商品果率提高等优点。

1. 果树追肥

沼液肥做追肥时，要先兑水，一般兑水量为沼液的一半。

2. 果树喷施叶面肥

（1）取肥：沼液应从正常产气1个月以上的沼气池中取出，经过澄清、纱布过滤后除掉沼液中的渣质，以防堵塞喷雾器。喷雾器密封性要好，以免溅、漏。

（2）喷施时间：在果树生长季的阴天或下午17时后进行，中午气温高、蒸发快、效果差、易灼烧叶片，不宜喷施。暴雨前不要喷施。

（3）喷施方法：应根据沼液浓度、施用树龄、季节、气温而定。从初花期开始，结合保花保果，7～10天1次，至叶落前为止。浓度是沼液1份加清水1份。作用是保花保果，促进果实一致，光泽度好，成熟期一致。采果后，还可坚持1～2次，有利于花芽分化和增强树体抗寒能力。喷施时，以叶背面为主，以利于吸收。

另外，喷施叶面肥时要根据果树株型、树冠大小和营养状况而定，株型和树冠高大或营养状况差得多喷施，株型和树冠矮小或营养状况好的少喷施，总之，以叶面滴水为宜。

（4）用量：每亩用40千克。

3. 沼液防治病虫害

沼液中含有多种生物活性物质，如氨基酸、微量元素、植物生长刺激素、B族维生素、某些抗生素等。其中有机酸中的丁酸和植物激素中的赤霉素、吲哚乙酸以及维生素$B_{12}$对病菌有明显的抑制作用。沼液中的氨和铵盐，某些抗生素对作物的虫害有着直接作用。

沼液防治病虫害是广大建池农户在开展沼气综合利用过程中所发现，经实践和科学实验证实，因其无污染、无残毒、无抗药性而被称为"生物农药"。目前实验已表明，沼液对星毛虫、红蜘蛛、椿象、螨、黑星病、梨锈病等都有效果，喷施沼液时可用原液，与农药间隔喷防。

(1) 防治果树螨、蚧和蚜虫：取沼液50千克，双层纱布过滤，直接喷施，10天1次，发虫高峰期，连治2～3次，若气温在25℃以下。全天可喷；气温超过25℃，应在下午5时后进行。如果在沼液中加入1：(1000～2000)的氧化乐果，或者1：(1000～3000)的灭扫利，灭虫卵效果更为显著，且效持续时间30天以上。

(2) 防治黄、红蜘蛛：取沼液50千克，澄清过滤，直接喷施。一般情况下，红、黄蜘蛛3～4小时失活，5～6小时死亡98%。

## 二、沼渣在果树上的应用

沼肥在果树上主要应用有基肥、追肥等方面。目前，已应用的果树，除南方地区的柑橘应用沼肥较早，增产增甜效果较理想外，近年来北方地区由于沼气的迅速发展，沼肥在苹果、梨、桃、葡萄、李子等果树上也开始应用，面积不断增大。

### 1. 沼渣的成分

沼渣是人畜粪便、农作物秸秆等各种有机物质经沼气池厌氧发酵产生的底层物质。由于有机物质在厌氧发酵过程中，除了碳、氢、氧等元素逐步分解转化成甲烷和二氧化碳等气体外，其余各种养分基本都保留在发酵后的残余物中。其中一部分水溶性物质残留在沼液中；另一部分不溶解或难分解的有机、无机固形物则残留在沼肥残渣中。

### 2. 沼渣的肥料效果

(1) 沼渣富含有机质、腐殖酸，能起到改良土壤的作用。

(2) 沼渣含有氮、磷、钾等元素，能满足作物生长的需要。

(3) 沼渣中仍含有较多的沼液，其固体物含量在20%以下，其中部分未分解的原料和新生的微生物菌体，施入后会继续发酵，释放肥分。

3. 沼渣在果树上的应用

（1）沼渣在苹果上的应用：在苹果树周围挖环形沟或放射状沟或者挖穴，沟宽和沟深一般50～60厘米，沟中施沼肥或把园中绿肥刈割后与沼渣肥按1∶1或2∶1比例分层施入，压实封土；或把作物秸秆填入，浇灌沼肥。

苹果是忌盐植物，沼液中有一定量的盐分，所以单施用沼液时一般与绿肥、秸秆等配合施用更安全。施肥时要根据树龄大小决定施肥多少，幼龄树每树每次3～5千克，随着树龄增大，结果产量升高，逐渐增加施肥量。施肥时不可离树基部太近，以树冠边缘投影处为限，以防断根和烧根。

（2）沼渣在梨树上的应用：沼肥以其富含氮、磷、钾、腐殖质，多种微量元素及迟、速兼效的肥料功能，非常适合梨树生长需要。梨树追施沼肥，花芽分化好，抽梢一致，叶片厚绿，果实大小一致，光泽度好，甜度高，树势增强；能提高抗轮纹病、黑心病的能力；提高单产3%～10%，节约商品肥投资40%～60%。

①幼树：生长季节，可实行1个月1次沼肥，每次每株施沼肥10千克，其中春梢肥每株应深施沼渣10千克。

②成年挂果树：以产定肥、基肥为主，按每生产1000千克鲜果需氮4.5千克、磷2千克、钾4.5千克要求计算（利用率40%）。

Ⅰ. 基肥：占全年用量的80%，一般在初春梨树休眠期进行。方法是在主干周围开挖3～4条放射状沟，沟长30～80厘米，宽30厘米，深40厘米，每株施沼渣25～50千克，补充复合肥250克，施后覆土。

Ⅱ. 花前肥：开花前10～15天，每株施沼液50千克加尿素

50克，撒施。

Ⅲ. 壮果肥：一般有两次，一次在花后1个月，每株加沼渣20千克或沼液50千克，加复合肥100克，开槽深施。第二次在花后2个月，用法用量同第1次；并根据树况树势，有所增减。

Ⅳ. 壮树肥：根据树势，一般在采果后进行，每株沼液20千克，加入尿素50克，根部撒施。壮树肥要从严掌握，控制好用肥量，以免引起秋梢秋芽生长。

③注意事项：梨树属大水大肥型果树，沼渣、沼液肥虽富含氮、磷、钾，但对于梨树来说，还是偏少。因此，沼渣、沼液肥种梨要补充化肥或其他有机肥。如果有条件实行全沼渣、沼液肥种梨，每株成年挂果树，需沼渣沼液250～300千克（鲜沼渣占60％）。若采用叶面喷沼液的方法施肥，效果更好。

（3）沼渣在桃树上的应用

①基肥：桃树春季萌动较早，基肥以秋施最好，利于新根愈合，满足早春营养需求，促进花芽分化，提高产量，施量每株树施沼渣肥25～50千克，配15克磷酸二氢钾，时间在秋季落叶前后，配合中耕，以放射状或环状沟施，施深35～45厘米，达到主要根系分布层。

②追肥：追肥主要在萌芽前半个月，配合20克尿素，每株施20千克沼液，硬核前每株施20千克沼液，采后补肥，每株施20～25千克沼液，添加25克尿素，施于根部。

（4）沼渣在葡萄上的应用

①基肥：基肥可占葡萄总施肥量的60％左右，在葡萄果穗收后至立冬前，按行（畦）向挖沟施入，沟距茎基部60～100厘米，沟深以不伤大根为度，施量按产量100千克计算，施入沼渣（混合肥）150～200千克。

②追肥：葡萄在萌动前、新梢旺盛生长初期、浆果膨大期、采收后，分别追施沼渣，可结合灌水，顺水冲入畦中或开沟施

入，每次每亩施沼渣 500 千克，在浆果膨大期可适当补充磷钾肥，每次每株 50～100 克。

（5）沼渣在枣树上的应用

①基肥：枣采收后重施基肥，一是全地施，每亩 4000 千克，施后掩盖；二是树冠下根施，挖深 30～40 厘米，宽 30 厘米的放射状沟 6～8 条，距树茎基部近端浅挖，外端适当深挖，每棵树施沼渣肥 80～100 千克，同时还可混入磷肥、粉碎秸秆、草木灰等。大树多施，小树少施。

②花前追肥：在枣树开花前，在树周围挖 40 厘米见方的坑穴，每株施沼液 120 千克左右，施后覆土。

③开花结果追肥：开花后期到果实膨大期，每树穴施沼液 70 千克左右，同时还可加入 0.6 千克左右的磷酸二氢钾，施后覆土。

（6）沼渣在柑橘上的应用：柑橘是我国南方大宗水果之一，但由于多栽培于丘陵山坡和江河两岸，土质浅薄，养分贫乏，土壤有机质含量一般在 1%左右，不能满足柑橘生长发育的需要，实践证明，用沼渣培育柑橘树，其果实品质好，耐贮藏。

①1～2 年幼树以促生长、扩冠为主。春、夏、秋三梢肥应重施，每株 10 千克沼渣，另外补入磷、钾肥适量。

②3～5 年初挂果树既要扩树冠，壮树势，又要增加产量，重点是施好 3 次肥，促发春梢和早秋梢。

Ⅰ. 花前肥：2 月下旬至 3 月上旬，施肥量占全年施肥量的 25%，每株施沼渣 25 千克，若沼肥不足，应补足氮、磷、钾肥。

Ⅱ. 壮果促梢肥：7 月中下旬，施肥量占全年 50%，每株沼渣 50 千克。树势弱，沼肥又不足的，需用化肥补足。

Ⅲ. 秋后肥：早熟品种在采果后，中迟熟品种在采果前施，用量占全年 25%，每株沼渣 25 千克，沼肥不足的，用商品肥补齐。

③6年以上成年挂果树以维护稳产为主要目标，争春梢，壮树势。此时用肥，应以沼肥与化肥同时施用，以春梢肥和秋后肥为重点，每株每次施沼渣25千克，适量补充商品肥。

④施用方式：沿树冠滴水挖环状沟或从基部朝外挖2～3条放射状沟，沟宽30厘米，深30厘米，长80～120厘米，施肥后以土覆盖。

（7）沼渣在石榴上的应用：每年春、秋季各施1次沼渣，每次施肥均采用环状沟施法，在树冠滴水线处挖40～60厘米深的环状沟，施入沼渣后覆土。

## 三、沼肥使用中的注意事项

### 1. 沼渣、沼液肥出池后不要马上施用

因为沼肥的还原性较强，如将刚出池的沼肥立即施用，它会与作物争夺土壤中的氧气，影响种子发芽和根系发育，导致作物叶片发黄、凋萎。因此，沼肥出池后，应先在储粪池中堆沤5～7天再施用。

### 2. 沼液肥要兑水后施用

如不兑水直接施在作物上，尤其是用来追施幼苗，会使作物出现灼伤现象。因此，必须兑水后使用。

### 3. 沼渣、沼液肥要表土撒施

沼渣、沼液肥施于果树宜采用沟施、穴施，然后盖土，或随灌溉时顺水均匀施入。

### 4. 不要与草木灰、石灰等碱性肥料混施

草木灰、石灰等碱性较强，与沼渣、沼液肥混合，会造成氮肥的损失，降低肥效。

### 5. 不要过量使用

使用沼渣、沼液肥的量不能太多，一般要比施用普通猪粪肥

少。若盲目大量施用沼渣、沼液肥，会导致作物徒长，造成减产。

## 第二节　沼气、沼液、沼渣在其他方面的综合利用

### 一、沼气的综合利用

1. 沼气孵化

沼气孵化就是将沼气在燃烧过程中所放出的热量，实行人工控制而满足禽卵孵化要求。目前可采用沼气孵化技术的除鸡外，还有鸭、鹌鹑等，技术上大同小异，现以孵鸡为例。

沼气孵化具有操作简单，安全可靠，孵化率高，降低成本等优点。因此，此项技术极适合小规模（1000 只以内）养殖户采用（1 立方米沼气可孵鸡蛋 475 只）。

（1）孵前准备

①准备好孵化房：孵化房应选择通风、向阳、保暖，宽窄适度，易于操作的房间（孵化房也可用现有住房代替）。选好孵化房后打扫干净，并用生石灰消毒。

②制作孵化箱（图 6-1）：孵化箱用木板或纤维板制作，长×宽×高为 60 厘米×60 厘米×110 厘米，最好做成夹层，夹层中填以木屑等保温材料。箱门要求平整，密封，开启灵活，保温措施与箱体相同。箱体也可做成单层，外用旧棉絮等保温材料包裹。箱内以木板做成 6 层蛋盘，层高 18 厘米，底部钉上塑料网片或铁网，网孔以不漏蛋为宜。箱体上、中、下部各穿一个小眼，放置温度计用。

③孵化炉灶：建好沼气灶台，灶台要平整光滑，坚固安全，配置一口直径 57 厘米的铁锅，锅下置沼气炉，沼气输气管道规范合理，开关灵活、密闭。

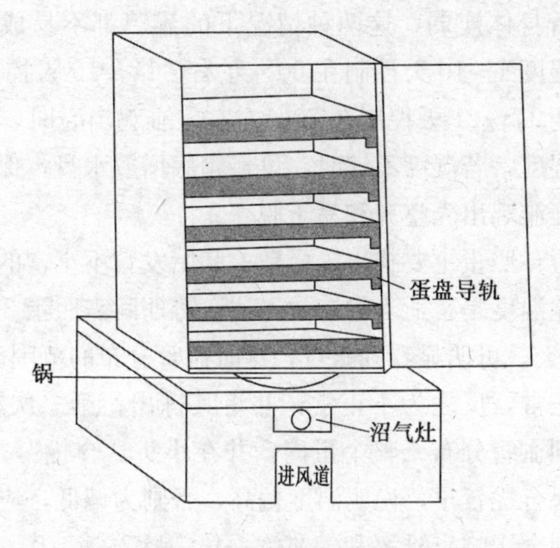


图 6-1　孵化箱制作示意图

（2）孵期管理

①种蛋处理：选择新鲜，壳面干净，大小均匀呈椭圆形的清洁蛋，用清水洗净，放入 35～40℃的 0.1%高锰酸钾溶液中浸泡消毒 10 分钟。

②装盘：将消毒过的种蛋沥干，大头朝上装盘，倾斜排放，每盘一层，然后装入孵化箱（底盘不装蛋）。

③加温：点燃沼气炉后，孵箱应实行 24 小时监控管理。1～10 天，温度保持在 38.5～39.5℃；11～16 天，温度保持在 38～38.5℃；17～21 天，温度保持在 37～38℃。

④调盘、翻蛋：初入孵时，箱温是下高上低，所以应每隔 4～6小时翻蛋 1 次，其方法是各盘上下调换，每盘种蛋位置前后调换，使种蛋均匀受温。

⑤湿度控制：空气湿度对于胚胎发育影响很大，湿度过大，会阻滞蛋中水分向外蒸发而影响胚胎发育，小鸡出壳后腹部膨大；湿度过小，则使蛋中水分向外蒸发过快，而胚胎发育过快，

小鸡出壳后身体瘦弱，这两种情况下的雏鸡都不易成活。据试验，孵期湿度1～10天控制在60%左右，11～16天控制在55%左右，后期17～21天控制在70%左右。雏鸡出壳时，要严格注意温度、湿度，若湿度不够时，可在箱底增放水盘，保证温、湿度，以保证雏鸡出壳整齐和易于脱壳。

⑥照蛋：照蛋主要找出未受精、胚胎发育不正常的蛋，同时是检查孵化温度是否适当的有效方法。孵期间需照蛋3次，第一次在5～6天，可明显看到眼点，这时血管分布的范围已相当大，说明发育正常，反之为不正常，并将其拣出；第二次在10～11天，可见到血管分布于整个蛋内，并在小头"合拢"，说明温度正常，如果合拢较早，说明温度偏高，否则为偏低，应及时调整温度，否则会影响出雏率和健雏率；第三次在17天，这时蛋体除气室外，全部是黑的，这叫"封门"，如果提前"封门"则为温度偏高，应降低温度，反之则亦然。

（3）注意事项

①从点火升温到第13或第14天，须连续燃烧沼气炉，不得间断，如沼气不足时，一定要用其他能源作补充。

②小鸡出壳后，应在35℃的条件下饲养3天，以提高雏鸡抗逆力，提高成活率。

2. 利用沼气灯给雏鸡加温

早春气温低，空气湿度大，雏鸡体温调节机能不全，若此时补给一定的光照和温度，对满足雏鸡生长发育具有重要作用。

（1）选择一些旧报纸、木箱、竹筐做育雏箱，每箱最多放雏鸡30只（以防过多小鸡上堆压死）。

（2）将点燃的沼气灯置育雏箱上方70～80厘米。

（3）经常检查箱温。1周龄小鸡的适宜温度是30～33℃，2周龄时温度降到28～30℃，3周龄及以后控制在28℃。

（4）光照时间。1～2日龄可照23小时，3～4日龄可照22

小时，4～7日龄20小时，以后逐渐减少，至20周龄时，只保持9个小时光照就够了。

（5）注意通风放气，以防废气过多，小鸡中毒。

### 3. 利用沼气灯给蚕室加温

在春蚕和秋蚕饲养过程中，因气温偏低，需要提高蚕室温度，以满足家蚕生长发育。传统的方法以木炭、煤作为加温燃料，一张蚕种一般需用煤40～50千克，其缺点是成本高，使用不便，温度不易控制，环境易污染。在同等条件下，利用沼气增温养蚕比传统饲养方法可提高产茧量和蚕茧等级，增加经济收入。

（1）加温方法

①白天采用沼气炉加温或沼气红外炉，沼气炉距最近的蚕架应在0.8米以上。炉上可烧水保持蚕室湿度，也可煮饭，但绝对不能炒菜或油炸食物，不烧水时，可在炉上覆盖铁皮以散热。

②温度要求：1～2龄期26～28℃，3～4龄期25～27℃，5龄期23～25℃。

③湿度要求：1～2龄期80％～90％，3～4龄期75％～80％，5龄期60％～70％。

（2）注意事项

①按照不同蚕龄分开饲养，严格控制温、湿度，如果温、湿度过高或过低，均应采取不同措施。

②沼气养蚕期间，要注意通风换气，一般每日2～3次；同时注意检查，以防沼气灯、炉脱火及二氧化碳超标，引起人、蚕室息中毒死亡。

## 二、沼液的综合利用

### 1. 沼液浸种

由于沼液中富含多种活性、抗性和营养性物质，利用沼液浸种具有明显的催芽、抗病、壮苗和增产作用。各地试验表明，沼液浸种对棉花炭疽病和玉米大小斑病具有较强的抑制作用。由于沼气池出料间的料液温度一般稳定在8～16℃，pH值为7.2～7.6，利于种子新陈代谢，因而经沼液浸种后芽齐芽壮，成苗率高，根系发达。据对比试验材料表明，沼液浸种可使产量增加5%～10%。

（1）沼液浸种方法

①晒种：为了提高种子的吸水性，沼液浸种前，将种子晒1～2天，清除杂物，以保证种子的纯度和质量。

②装袋：选择透水性好的编织袋或布袋将种子装入，每袋装15～20千克，并留出适当空间，以防种子吸水后涨破袋子。

③清理沼气池出料间：将出料间浮渣和杂物尽量清除干净，以便于浸泡种子。

④浸种：准备好一根木杠和绳子，将木杠横放在水压间上，再将绳子一端系住口袋，另一端固定在木杠上，使种袋处于沼液中部为宜。有些浸泡时间较短（12小时以内）的，可以在盛有沼液的容器中进行。

⑤清洗：沼液浸种结束后，应将种子放在清水中淘净，然后播种或者催芽。

（2）注意事项

①沼液浸种要求选用上年生产的纯度高和发芽率高的新种，最好不用陈种。

②用于沼液浸种的沼气池，一定要正常产气使用1个月以上，长期未用的沼气池中的沼液不能用于浸种。

③浸种时间随地区、品种、温度差别灵活掌握，浸种时间不可过长，以种子吸足水分为好。

④沼液浸过的种子，都应用清水淘净，然后播种或者催芽。沼液浸种会改变某些种壳的颜色，但不会影响发芽。

⑤注意安全，池盖应及时还原，以防人、畜掉入池内。

2. 沼液防治农作物病虫害

沼液中含有许多种生物活性物质，如氨基酸、微量元素、植物生长刺激素、B族维生素和某些抗生素等。其中有机酸中的丁酸和植物激素中的赤霉素、吲哚乙酸以及维生素 $B_{12}$ 对病菌有明显的抑制作用。沼液中的氨和铵盐、某些抗生素对作物的虫害有着直接作用。

（1）沼液防治玉米螟：用沼液 50 千克，加入 2.5％敌杀死乳油 10 毫升搅匀，灌玉米心叶。

（2）沼液防治蔬菜蚜虫：每亩取沼液 30 千克，加入煤油 50 克、洗衣粉 10 克，喷雾。也可利用晴天温度较高时，直接泼洒。

（3）沼液防治麦蚜：每亩取沼液 50 千克，加入乐果数滴，晴天露水干后喷洒。若 6 小时以内遇雨，则应补治 1 次。蚜虫 28 小时失活，40～50 小时死亡，杀虫率 90％。

（4）沼液防治豆类蚜虫：准备两只洗净粪桶、喷雾器一个、煤油 2.5 克、洗衣粉 50 克。先将 50 克洗衣粉充分溶于 500 克水中，然后将溶好的洗衣粉水和 2.5 克的煤油倒入喷雾器中，再取过滤沼液 14 千克倒入喷雾器中，充分搅拌后，就成了沼气复方治虫剂。将此剂均匀地喷在有蚜虫危害的豆类农作物上，亩喷 35 千克。如遇蚜虫危害严重时，第二天再喷 1 次，注意选择晴天治虫，效果更佳。

3. 沼液农用物叶面施肥

沼液富含多种作物所需的营养物质，因而适宜做根外施肥，其效果比化肥好，沼液喷施在作物生长季节都能进行。除对果树有增产作用外，对水稻、麦类、棉花、蔬菜、瓜类也有增产作用。沼液既可单施，也可与化肥、农药、生长剂等混合施。

（1）叶面喷施方法

①利用沼液喷施水稻、小麦：喷施时间是从抽穗开始，至灌浆结束，10 天 1 次。浓度为 1 份沼液加 1 份清水。可增加实粒数，提高千粒重。

②利用沼液喷施蘑菇：出菇后开始，每平方米施用 500 克，沼液加 1～2 倍清水，每天喷 1 次，提高菇质，增加产量，增产幅度 37%～140%。

③利用沼液喷施西瓜：初伸蔓开始，每亩施用 10 千克沼液加入 30 千克清水；初果期，每 15 千克沼液加入 30 千克清水；后期 20 千克沼液加入 20 千克清水。可增强抗病能力，提高产量，有枯萎病的地方，效果更显著。

④利用沼液喷施棉花：全生育期均可进行，现蕾前沼液与清水比例为 1∶2，现蕾后为 1∶1，10 天 1 次。增强抗病力，提高产量，兼治红蜘蛛、棉蚜。

⑤利用沼液喷施烟叶：从烟苗 9～11 片叶开始，每 7～10 天 1 次，浓度为 1 份沼液加清水 1 份，每亩喷 40 千克，沼液中可加入防虫治病农药。喷后喷片明显增厚，增级增收。

（2）注意事项

①沼液要过滤好，防止堵塞喷雾器。

②喷施时以叶面为主，经利吸收。

③喷施时，春、秋在上午露水干后（10 点）进行，夏季以傍晚为宜，中午高温及暴雨前不要喷施。

4. 沼液喂猪

沼液喂猪，就是将沼液作为一种饲料添加剂，拌入猪饲料中，起到促进生长、缩短育肥期、提高饲料转换率、降低料肉比、达到增加收入的目的。

沼液中除含有促进猪生长的氨基酸外，还含有铜锌等微量元素。沼液喂猪能有效地解决广大农村猪饲料营养不全的问题。沼液中无寄生虫卵和有害病原微生物，喂猪安全可靠。沼液中有害元素镉、汞、铅等均低于国家生活用水标准。沼液还具有治虫（蛔虫）、防病治病的作用。

（1）沼液喂猪方法

①以猪体重定日喂沼液量：仔猪阶段（体重在 25 千克以下），按常规方法防疫、驱虫、健胃、去势（即阉割）10 天后，可以按每日 4 次，每次 0.5 千克的量喂养；架子猪阶段（体重 25～50 千克），此时猪骨骼发育迅速，沼液量要相应增加。一般每日 3～4 次，每次 0.75～1 千克，如在饲料中增加少量骨、鱼粉，增重更加明显；育肥阶段（体重 50～100 千克），这时期猪全面发育，沼液量要增加到每次 1～1.5 千克，每日 3 次；当猪体重达到 100 千克以上时，增重速度会减弱。这一阶段可按每次 1.5～2 千克沼液量进行添加，每日 3 次。

②以精饲料定日喂沼液量：仔猪 20 千克重时，每千克饲料拌沼液 1.5 千克，然后逐步增加，到猪体重 60 千克时，每千克饲料添加沼液 2.5 千克，以后逐步减少至每千克饲料添加 1.5 千克沼液。

③沼液泡青饲料：以青饲料为主的地区，可将青饲料粉碎淘净放在沼液中浸泡 2 小时后直接饲喂。

（2）注意事项

①病态池、不产气池或投入了有毒物质的沼气池中的沼液，禁止喂猪。

②新建已投料或大换料的沼气池必须在正常产气使用 1 个月以后，方可取沼液喂猪。

③沼液的酸碱度以中性为宜，即 pH 值为 6.5～7.5。

④沼液由水压间取出后，一般放置半小时左右为宜，让氨气挥发，但不宜放置过久以防氧化。

⑤饲喂沼液，猪有个适应过程，可采取先盛放沼液让其闻气

味，或者饿1～2顿，增加其食欲，再将少量沼液拌入饲料等方法诱食，3～5天后即可正常进行。

⑥严格掌握日饲喂沼液量，最好准备一个小瓢，称其重量，作为计量工具。如发现猪饲喂沼液后拉稀，是因喂量偏大，可减量或停喂2天，待正常后继续进行。沼液不能随取随喂，一般取出后搅拌或放置1～2小时再喂。

⑦沼液喂猪，主要解决广大农村猪饲料营养不完全的问题。故猪的防疫、驱虫、治病等问题仍需在当地兽医的指导下进行。

⑧注意安全，池盖应及时还原，以防人、畜掉入。沼液喂猪期间，死畜、死禽、有毒物不能进入沼气池。

⑨沼液仅是添加剂，不能取代基础日粮。当猪出现腹泻症状时，应及时停喂。

5. 沼液喂鸡

鸡长到活重0.3千克以上，可开始拌沼液饲喂。

（1）沼液喂鸡方法

①正常发酵产气并已使用3个月以上的沼气池，均可取液。不产气池或病态池切忌取液饲用。

②从沼气池出料口取中层新鲜沼液。取前先把沼液上面的浮沫撇开，取中部清液，用纱布过滤后，按3份沼液与7份饲料拌合即可。沼液要求拌匀，用量以拌至不干不湿为宜。

（2）注意事项：沼液添加量不要过量，否则鸡会出现泻肚现象。

## 三、沼渣的综合利用

1. 沼肥养鱼

用沼肥养鱼，是将沼肥施入鱼塘，为水中的浮游动植物提供营养，增加鱼塘中浮游动植物产量，丰富滤食性鱼类诱饵饲料的一种饲料转化技术。沼肥养鱼可提高优质鱼的比例，降低病虫危害。

（1）养殖方法

①基肥：一般在春季清塘消毒后进行，每亩施沼渣 150 千克或沼液 300 千克，均匀撒施。

②追肥：4～6 月，每周每亩施沼渣 100 千克或沼液 200 千克；7～8 月，每周施沼液 150 千克；9～10 月，每周施沼渣 100 千克或者沼液 150 千克。

③施肥时间：晴天 8 时至 10 时施沼肥最好。阴雨天气，光合作用弱，生物活性差，需肥量小，可不施，有风天气，顺风泼撒；闷热天气、雷雨来临之前不施。

（2）注意事项

①沼液养鱼适用于以花白鲢为主要品种的养殖塘，其混养优质鱼（底层鱼）比例不超过 40％。

②水体透明度大于 30 厘米时，说明水中浮游动物数量大，浮游植物数量少，施用沼液可迅速增加浮游植物的数量。每 2 天施 1 次沼液，每次每亩用 100～150 千克，直到透明度回到 25～30 厘米后，转正常投肥。

2. 沼渣养蚯蚓

蚯蚓喜欢在阴湿肥沃的环境里生活，是杂食性动物，以泥土腐殖质为生，也吃树叶、秸秆、动物粪便和植物残体，因此沼渣很适合养殖蚯蚓。

（1）养殖方法

①蚓床制作：蚯蚓的养殖方式很多，利用沼渣可采用室内地面养殖床和室外养殖床两种方式。室内地面要求为水泥地面和坚实的泥土面，房间要求通风透气，黑暗安静；室外应选择在朝阳、地势稍高的地方，床下泥土要拍紧压实。蚓床规格为长 1～10 米，宽 1～2 米，床前墙高 0.3 米，后墙高 1.3 米，四周挖好

排水沟，床两头留对称的风洞，后墙还需留一个排气孔，冬季床面要有保温措施，一般可在床面上覆盖双层薄膜，两膜间隔10～15厘米，薄膜上再加盖草席。夏季需搭简易凉棚遮阳防雨，在饵料上盖湿草，厚度10～15厘米，以避免水分大量挥发。

②沼渣饵料的配制：将从沼气池中捞出的沼渣沥干、摊开，让沼渣中的氨气和沼气逸出，然后将80％晾干的沼渣和20％的烂碎草、树叶及有机生活垃圾等拌匀上床堆放，其厚度为20～25厘米，湿度65％。

③蚓床管理：蚯蚓生活的适宜温度是15～30℃，低于12℃就停止繁殖，超过35℃就有热死的危险。因此，高温季节应注意洒水降温，冬季注意覆盖，增温保暖。1年中，4～5月份是生长繁殖旺季。在适宜条件下，蚯蚓每隔7～8天产卵一次，每卵可孵出3～4条小蚓，幼蚓一般60～90天可成虫，4个月长成。在养殖过程中，一般情况下每月添料1次。要定期清理蚓粪并将蚯蚓分离出来，这是促进蚯蚓正常生长的重要环节。最好将大小蚯蚓分开饲养，因为混养可能造成成蚓自溶而影响产量。

（2）注意事项

①蚯蚓的天敌很多，如水蛭、蟾蜍、蛇、鼠、鸟、蚁、螨等，要注意防除。

②养殖床（地）要遮光，切忌强光直射，不要随意翻动养殖床，保持安静的环境，避免农药、工业废气（包括煤气）的污染。

3. 沼渣栽培平菇

平菇是一个生活能力旺盛、适应性强、易于栽培、产量较高的品种。用沼渣栽培平菇，成功率高，产量稳定，经济效益好。

（1）栽培方法

①季节安排：高温型平菇种植及生长期在4～8月，中低温型平菇8月种植，次年6月采收。

②原料选择：种平菇的原料来源广泛，如农作物、玉米芯、花生壳、锯木屑、稻草、木菇渣、甘蔗渣、树叶菜、各种粪肥、沼渣、食用菌渣等。原料要求新鲜、干燥、无霉变、无杂物。取出充分腐熟沼渣，用薄膜覆盖，以防害虫在沼渣上产卵，沥水24小时备用。

③做菇床：选择通风透光的室内或室外，若是楼上地面，要用塑料薄膜垫底保湿，床面宽80～100厘米，长度视场地而定，厚度6～8厘米。

④配料：农作物秸秆（如玉米芯、木屑、稻草等）53%，沼渣或食用菌渣30%，米糖或麦糠10%，花生麸2%，石膏粉1%，石灰粉2%，复合肥2%，料水比1∶1.25。

⑤装袋：将上述原料混拌均匀装在22厘米×45厘米×10厘米聚乙烯塑料袋中，常压灭菌10小时。

⑥发菌管理：接完种后，室内室外发菌都可以，最高温度不能超过28℃，要经常检查袋内温度，如高于28℃，立即翻堆，千万不能让高温烧死菌丝。正常条件下菌丝一般25～30天可长满袋。

⑦出菇管理：出菇前需水量、氧气量不大，因此需将塑膜密封好，一般每7天揭膜换气1次。注意通风换气，通风注意不留死角，并给予一定散射光。直到长成为止。

⑧子实体采收：当子实体长到八成熟即可采收。过早采收会影响产量，过迟采收会降低品质，第一批平菇收获后，约经15～20天，又可长成下一批，一般一批料床接种后可采收3～4批平菇。

⑨追施营养液：采菇后，追施营养液，可促使下批平菇早发、早产。方法是：用木棒打2厘米深小孔，注入营养液。营养液可为0.1%的尿素溶液，也可为0.1%的尿素溶液加0.1%的糖水。

（2）注意事项

①不要打捞底渣，以免将池底未死亡虫卵带入菇床。

②要沥去沼液中的过量水分，并用薄膜密封，以防感染。

③沼渣透气性差，必须拌合适量的填充物。除棉壳外，还可与谷壳、碎秸秆混合，比例6：4为宜。

4. 沼渣栽培草菇

草菇属高温高湿型的伞菌，在菌丝体生长阶段，最适宜温度为为33～38℃，相对湿度为85%～95%，原料含水量75%～85%。

（1）栽培方法

①备料：沼渣出池后，用塑膜密封，以防害虫产卵，自然沥干。把新鲜无霉烂稻草或玉米秆，扭成绳子样的草把，每个草把重约0.7千克，栽培前一天用清水浸泡10小时，充分吸足水分。

②播种时间：各地根据当地的气温条件选择适当的播种期。

Ⅰ. 露天栽培：选择阳光充足，通风凉爽，靠近水源的地方，选用疏松而富含有机质的砂壤土与沼渣拌匀作种植草菇畦面，一般畦宽1米长10米，晴天将土掘起，晒白后耙细，同时喷洒10%的石灰水和沼液，驱除土中蚯蚓及其他害虫，2天后，畦与畦之间开一条宽1米，深30厘米的沟，做过道和排水用。然后将吸足水分的草把依次横排在畦面上，穗头朝里，基端向外，紧密靠拢排齐。排好一层就用脚踩，并用1%硫酸铵喷洒，接着撒一层沼渣，摆一层菌种，第一层用种3瓶，依次重叠2～3层，每层向里收缩6～7厘米，形成梯形，叠完第三层后再撒满菌种。一堆草共用菌种10瓶左右，所用沼渣占25%左右，最后在草堆的上面和四周盖上草帘或塑膜，以防风雨，保温、保湿，避免强光直射。4天后，要踩踏浇重水，并在顶部盖上泥土，室外栽培在24℃的自然气温和80%以上的空气湿度，以及30℃以上的堆温，草堆含水60%以上条件下，10～15天就可见菇。

Ⅱ. 室内栽培：其堆料播种覆膜等如露天栽培，管理方面要注意室温保持在25℃以上，草堆内的温度经历了由低到高，再由高到低的过程，堆温在踩堆后4～5天可上升到50～60℃，经过2～3天，开始下降，当下降到42℃时，就开始出菇。如果堆温上升很慢，到第四、第五天，仍达不到50℃以上，就要进行踩结浇水（如草堆很湿，则只踩不浇水），同时可加厚草帘或用塑膜覆盖，如果堆温太高，则应掀开草帘，通风散热。

室内栽培的湿度应控制在90％左右，若气候干燥可在草堆覆盖物上浇水，或用喷雾器向室内喷水，并使草堆的含水量保持在65％～70％（即从堆内抽出的稻草，用手拧有水溢出但不滴水）。

若遇连续高温晴天，在作堆后的第四天再踩踏浇水1次。当堆面出现小白点时，以保湿为主，轻喷或少喷水。随着菌蕾增大，逐渐加大喷水量，采收后，应再增加草堆的含水量。

（2）注意事项

①不能用底层沼渣，以免未死亡虫卵孵化，污染菇床。

②播种2天后，料温会急剧上升，上层高达50℃，下层可达45℃，这时要注意揭膜通风换气10～20分钟，再盖膜，料温应控制在32～38℃，以免堆温过高烧坏菌丝。

③草菇虽喜湿，但不能超过90％，若湿度不够时，可于晴天上午10时，下午3时喷清水，或喷沼水，喷时要轻，切莫大水泼洒。室外栽培遇雨天要用塑膜覆盖，雨后及时揭膜，不论室内室外栽培，一定要看到料面大部分出现小蕾时才能揭膜。

④采摘要适时，当子实体如鸡蛋大小，且饱满光滑，略带黑褐色，基部白色，这时采摘最好，不可过早或过迟采收。

⑤注意防病虫害。危害草菇的杂菌较多，多在高湿、通风不良时发生，一旦发生应及时挖掉，也可用75％的酒精棉球擦去

霉菌。灭鼠不能用药物毒杀，如发生虫害，可用0.2%～0.3%的敌敌畏棉球熏，也可适当停水，让菇床干燥，使幼小害虫因缺水而死亡。

5. 沼肥种西瓜

沼渣是沼气发酵后的剩余物，是一种优质高效有机肥，养分含量高而全，富含瓜菜生长所必需的氮、磷、钾等元素。用发酵过的沼渣做西瓜生产基肥，沼液做西瓜叶面追肥不但可使西瓜苗壮、生长速度加快、抗病力增强，并且可防止病害、虫害的发生，不仅瓜的产量高，而且味道甜。

（1）栽培方法

①沼液浸种：浸种前晒种1～2天，以提高种子吸收性能，杀灭大部分病菌，并且发芽整齐。然后用沼液浸12～24小时，中途搅动1次；浸种结束后，在清水中反复轻搓，洗去表面黏物，以防发臭腐烂；然后保温催芽，温度30℃左右，一般20～24小时即可发芽。

②配置营养土：取腐熟沼渣1份与10份菜园土混合，每立方米混合土补充磷钾肥1千克，喷水至手捏成团，落地能散为宜。

③播种：将营养土装入营养钵，当种子露白时，即可播入营养钵内，每钵1～2粒种子，覆1～1.5厘米厚细土，薄膜覆盖，封严，适时通风。

④做基肥：将沼渣施入大田瓜穴，每亩施沼渣1000千克，深翻入土。在苗达6片叶时定植，定植前半个月，再施1500千克沼渣肥，可补充50千克钾，磷肥。

⑤做追肥：定苗活棵后行间点施1～2次沼液，每次每亩500千克左右，浓度为沼液∶清水＝1∶2。使用时可观察沼液的透明度、颜色浓淡情况，来决定采用的浓度。若液体为乳胶状，棕黑色，则使用时需加水稀释，采用75%或50%浓度；若液体

透明或半透明，黄褐色，则使用时采用原液。沼液的日最大提取量要求不影响沼气的正常使用和安全运行，最大不超过池容的10％，提取沼液后必须及时补料补水。取沼液时应观察压力表，不允许出现负压。

瓜果出藤后，重施1次果肥，开10～20厘米的环状沟，每亩施100千克饼肥、500千克沼肥、10千克钾肥，施肥后在沟内覆土。

⑥沼液叶面喷肥：伸蔓初期开始，7～10天喷1次兑2倍水的沼液，后期改为喷兑1倍水的沼液，不仅可以提高产量，而且还能有效地防治西瓜枯萎病。喷施后20小时左右再喷1遍清水。叶面施肥每隔10天喷1次，在清晨或傍晚施用较好，晴天中午不宜施用，以免烧苗其他管理同常规。若喷后24小时内遇雨则需要再补喷1次。

（2）注意事项

①选择正常产沼气1个月以上，沼液无恶臭味沼气池。

②取沼渣前10天不宜大进料，连续进料的沼气池一般间隔5～7天提取沼渣1次，8立方米的沼气池其最大提取量为250千克左右（大出料除外）。

6. 沼肥种花卉

花卉品种繁多，其生长习性各不相同，但肥料是养花成败的关键因素之一。花卉种植形式一般有露地栽培（庭院、花园、花圃）与盆栽。在肥料使用方面，主要有基肥、追肥两种。沼渣、沼液肥培育花卉有肥效平稳，养分完全，肥劲时效长，兼治病虫的优点。

（1）露地栽培方法

①基肥：提前半个月，结合整地，按1平方米施沼渣2千克，拌匀。若为穴施，视树大小，每穴1～2千克，覆土10厘米，然后栽植。名贵品种最好不放底肥，而改以疏松肥土垫穴，

活后根基抽槽施肥。

②追肥：追肥应根据需要从严掌握，不同的花卉品种其需肥吸肥能力不完全相同。因此，使用沼肥应有不同。生长较快的花卉、草木花卉、观叶性花卉，可1个月1次沼液，浓度为3份沼液7份清水。生长较慢的花卉、木本花卉、观花观果花卉，按其生育期要求，1份沼液加3份清水追肥。穴施：可在根梢处挖穴，采用沼液、沼渣混施，依树大小，0.5～5千克不等。

（2）盆栽方法

①配制培养土：腐熟3个月以上的沼渣与分化较好的山土拌匀，比例为鲜沼渣1千克、山土2千克，或者干沼渣1千克、山土9千克。

②换盆：盆花栽培1～3年后，需换土、扩钵，一般品种可用上法配置的培养土填充，名贵品种需另加少许山土降低沼肥含量。凡新植、换盆花卉，不见新叶不追肥（20～30天）。

③追肥：盆栽花卉一般土少树大，营养不足，需要人工补充。茶花类（山茶为代表）要求追肥稀、少，即次数少，浓度稀，每年3～5月份每个月1次沼液，浓度1份沼液加1～2份清水；季节花（月季花为代表）可1个月1次沼肥，比例同上，到9～10月份停止。

（3）注意事项

①沼肥一定要充分腐熟，尤其是沼渣，可将新取沼渣用桶存放20～30天再用。

②沼液做追肥和叶面喷肥前，应放2～3个小时。

③沼肥种盆花，应计算用量，切忌性急，过量施肥。

④若施肥后，纷落老叶，视为浓度偏高，应及时水解或换土；若嫩叶边缘呈水渍状脱落，视为水肥中毒，应急脱盆换土，剪枝、遮荫养护。

7. 沼肥种大蒜

用沼渣、沼液肥种大蒜可做基肥、面肥和追肥。

（1）栽培方法

①基肥：亩用沼渣 2500 千克撒施后，立即翻耕，让其充分发酵腐熟。播种时，在床面上开 10 厘米宽、3～5 厘米深浅沟，沟距 15 厘米，沼液浇于沟中，浇湿为宜，然后播蒜、覆土。

②追肥：越冬前每亩用沼液 1500 千克，加水泼洒，可进行 2 次。

（2）注意事项：在立春后不可追沼液。

8. 沼肥种烟技术

沼肥养分比较全面，肥效长而稳，有利于烟株整个生长期对养分的需求。化学肥料肥效快，养分单一含量高，可以满足烟株旺盛生长期对大量单一营养的要求。因此，沼肥和化肥配合使用能满足烟叶生长的需要。

（1）栽培方法

①基肥：用沼渣、钙镁磷、草木灰按 10 ：3 ：1 的比例混合均匀，用于穴施。也可结合冬耕或起垄撒施。每亩施用沼渣 1000 千克，钙镁磷肥 30 千克，草木灰 100 千克，施肥深度 10～13 厘米。一般移栽 1 个月内追施完。

②追肥：烤烟移栽 10 天后应进行追肥。采用沼液兑水稀释穴施或沟施，追肥 2～3 次，每次施用量为每棵 0.4 千克左右，一般移栽 1 个月内追完。

③叶面追肥：叶面追肥一般以磷酸二氢钾、草木灰、微量元素肥料等溶于沼液施用。使用浓度不超过 1%。在清晨或傍晚施用较好，晴天中午不宜施用，以免烧苗。

（2）注意事项

①基肥施用量一般占总用肥量的 60%～70%。沼液追肥的

作用在于供给中上部烟叶营养。追肥量占总施肥量的30%～40%。追肥时间是移栽后1个月左右施完。施肥过晚，会导致烟株贪青晚熟，叶片易产生烤青，降低烟质。

②针对不同情况施肥。烤烟施肥必须根据气候、土壤和烟株生长不同的情况，确定施肥方法、用量。水分过多、砂性或过酸、偏碱的土壤对肥料利用率低，所以要加大施肥量和施肥次数，最好采用穴施。此外，追肥应根据烟株长势灵活运用。苗大而壮、叶色深绿，应少追氮肥，多追磷钾肥。对前期叶色黄绿苗，应追施沼肥。对少数瘦弱小苗，应增加施肥次数和施肥量。

# 附录　户用沼气池质量检查验收规范

（GB/T4751—2002）

本标准由农业部科技教育司提出。

本标准由昆明市农村能源环境保护办公室负责起草、河北省建筑科学研究院、农业部沼气科学研究所、湖北省农村能源办公室、四川省农村能源办公室、四川省新都县沼气办公室参加起草。

本标准主要起草人：张万俊、郑启寿、任元才、王长廷、杨其学、杨文谦、王德双。

本标准委托昆明市农村能源环境保护办公室负责解释。

本标准所代替标准的历次版本发布情况为：GB/T4751—1984。

## 1　范围

本标准规定了户用沼气池选用现浇混凝土、砖砌体、钢筋混凝土预制板等材料建池以及密封层施工的质量检查验收的内容、方法及要求。

本标准适用于按GB/T4750—2002设计和GB/T4752—2002进行建池施工沼气池的质量检查验收。

## 2 规范性引用文件

下列文件中的条款通过本标准的引用而成为本标准的条款，凡是注日期的引用文件，其随后所有的修改单（不包括勘误的内容）或修订版均不适用于本标准，然而，鼓励根据本标准达成协议的各方研究是否可使用这些文件的最新版本。凡是不注日期的引用文件，其最新版本适用于本标准。

GB175—1999 硅酸盐水泥，普通硅酸盐水泥

GB1344—1999 矿渣硅酸盐水泥，火山灰质硅酸盐水泥及粉煤灰硅酸盐水泥

GB/T4750—2002 户用沼气池标准图集

GB/T4752—2002 户用沼气池施工操作规程

GB50203—1998 砖石工程施工及验收规范

JGJ52—1992 普通混凝土用砂质量标准及检验方法

JGJ53—1992 普通混凝土用碎石或卵石质量标准及检验方法

JGJ81—1985 普通混凝土力学性能试验方法

JGJ/T23—1992 回弹法检测混凝土抗压强度技术规程

JGJ70—90 建筑砂浆基本性能试验方法

## 3 建池材料

3.1 水泥检验验收应符合 GB175、GB1344 的规定。

3.2 碎石或卵石的检验验收应符合 JGJ53 的规定。

3.3 砂的检验验收应符合 JGJ52 的规定。

3.4 外加剂的质量验收应符合该产品的标准。

## 4 土方工程

4.1 沼气池池坑地基承载力设计值≥50 千帕。

检验方法：观察检查土质情况，复查施工记录。

4.2　回填土应分层夯实，其质量密度值要求达到1.8克/立方厘米，偏差值不大于（1.8±0.03）克/立方厘米。

检验方法：检验施工记录及土质取样测定，每池取两点。

4.3　池坑开挖标高、内径、池壁垂直度和表面平整度允许偏差值见表1。

**表1　池坑开挖允许偏差**

| 项　目 | 允许偏差/毫米 | 检验方法 | 检查点数 |
| --- | --- | --- | --- |
| 直径 | +20 | 用尺量 | 4 |
| 标高 | +15<br>−5 | 用水准仪按施工记录<br>拉线用尺量 | 4 |
| 垂直度 | ±10 | 用重锤线和尺量 | 4 |
| 表面平整度 | ±5 | 用1米靠尺和楔形塞尺 | 4 |

## 5　模板工程

5.1　砖模、钢摸、木模和支撑件应有足够的强度、刚度和稳定性，并拆装方便。

检验方法：用手摇动和观察检查。

5.2　模板的缝隙以不漏浆为原则。

检验方法：观察检查。

5.3　曲流布料池、圆筒形池整体现浇混凝土模板安装允许偏差及检查方法见表2。

**表 2 现浇模板安装允许偏差**

| 项　目 | 分项 | 允许偏差值/毫米 | 检验方法 | 检查点数 |
|---|---|---|---|---|
| 池与水压间标高 | 木模 | ±10 | 用尺量或用水准仪检查 | 3 |
| | 钢模 | ±5 | | 3 |
| 断面尺寸 | | +5<br>−3 | 用尺量 | 3 |
| 池盖模板 | 曲率半径 | ±10 | 用曲率半径准绳 | 3 |

5.4　椭球形池上、下半球的曲率应保持与标准图集设计相一致，尺寸允许偏差±5 毫米。

5.5　预制构件模板安装的允许偏差及检查方法见表 3。

**表 3 预制件模板安装允许偏差**

| 项　目 | | 允许偏差值/毫米 | 检验方法 | 检查点数 |
|---|---|---|---|---|
| 长度 | 板 | ±5 | 用尺量 | 2 |
| | 沼气池砌体 | 0<br>−3 | 用尺量 | 2 |
| 宽度 | 板 | ±5 | 用尺量 | 2 |
| | 沼气池砌体 | 0<br>−2 | 用尺量 | 2 |
| 厚度 | 板 | ±2 | 用尺量 | 2 |
| | 沼气池砌体 | ±2 | 用尺量 | 2 |
| 对角线 | | +3 | 用尺量 | 2 |
| 直径 | | ±3 | 用尺量 | 2 |
| 表面平整 | 板 | +2 | 用尺量 | 2 |
| | 沼气池砌体 | +2 | 用尺量 | 2 |
| 侧向弯曲 | 板 | L/1000 | 用尺量 | 2 |

## 6　混凝土工程

6.1　混凝土在拌制和浇筑过程中应按下列规定进行检查验收。

6.1.1　检查拌制混凝土所用原材料的品种、规格和用量，每工作班至少两次。

6.1.2　检查混凝土在浇筑地点的坍落度，每工作班至少两次。

6.1.3　混凝土的搅拌时间随时检查。

6.2　混凝土质量检验

6.2.1　检查混凝土质量，当有条件时宜采用试块进行抗压强度检验，混凝土质量的抗压强度值应不低于 GB/T4750 中设计值的 95%。

6.2.2　用于检查混凝土质量的试样，试件应采用钢模制作，应在混凝土的浇筑地点随机取样制作，试件的留置应符合下列规定：

a）同一配合比混凝土其取样不得少于 1 次。

b）每班拌制的同一配合比混凝土其取样不得少于 1 次。

6.2.3　试件强度试验的方法应符合 JGJ81 的规定。

6.2.4　每组 3 个试件应在同盘混凝土中取样制作，并按下列规定确定该组试件混凝土强度代表值：

a）取 3 个试件强度的平均值。

b）当 3 个试件强度中的最大值或最小值之一与中间值之差不超过 15%时取中间值。

c）当 3 个试件强度中的最大值和最小值与中间值之差均超过中间值 15%时，该组试件不得作强度评定的依据。

6.3　回弹仪法检测混凝土抗压强度

检查混凝土质量不具备采用试块进行抗压强度试验验收条件

时，可采用回弹仪法检测混凝土抗压强度与验收，混凝土抗压强度值应不低于 GB/T4750 设计值的 95%。

6.4　浇筑混凝土的要求

混凝土应振捣密实，不允许有蜂窝，麻面和裂纹等缺陷。

6.4.1　检验方法：观察检查。

6.4.2　现浇混凝土沼气池允许偏差值及检验方法见表 4。

**表 4　现浇混凝土沼气池允许偏差**

| 项目 | 允许偏差/毫米 | 检验方法 | 检验点数 |
| --- | --- | --- | --- |
| 内径 | +3<br>−5 | 拉线用尺量 | 4 |
| 外径 | +5<br>−3 | 拉线用尺量 | 4 |
| 池墙标高 | +5<br>−10 | 用水准仪检测或拉线用尺量 | 4 |
| 池墙垂直度 | ±5 | 吊线用尺量 | 4 |
| 弧面平整度 | ±4 | 用弧形尺和模型塞尺检查 | 4 |
| 圈梁断面尺寸 | +5<br>−3 | 拉线用尺量 | 4 |
| 池壁厚度 | +5<br>−3 | 用尺量取平均值 | 4 |

## 7　砖砌体与预制板工程

7.1　砖砌体工程

7.1.1　砌体中砂浆应饱满密实。垂直及水平灰缝的砂浆饱满度不得低于 95%，不允许出现内外相通的孔隙。

检验方法：在池墙、池盖不同位置各掀三块砖，用百分格网查砖底面、侧面砂浆的接触面积大小，一般取三处的平均值。

7.1.2　组砌方法应正确，竖缝错开不准有通缝，水平灰缝要平直，平直度偏差不超过10毫米。

检验方法：观察检查或用尺量。

7.1.3　砖砌体允许偏差及检查方法见表5。

**表5　砖砌体允许偏差**

| 项目 | 允许误差/毫米 | 检验方法 | 检查点数 |
| --- | --- | --- | --- |
| 直径 | ±5 | 用尺量 | 2 |
| 标高 | +5<br>−15 | 用水准仪或拉线用尺量 | 4 |
| 水平灰缝平直度 | ±10 | 拉水平线用尺量 | 2 |
| 水平灰缝厚度 | ±3 | 用尺量 | 3 |
| 池墙垂直度 | 1米范围内±5 | 用垂线和尺量 | 3 |

7.2　混凝土预制板工程

7.2.1　砌体砂浆要饱满密实，板间接头牢固，组砌方法正确，不允许出现通缝或联通缝隙。

7.2.2　砌体外缝采用C20细石混凝土灌缝；砌体内缝用1：2水泥砂浆，分两层勾缝与池内壁相平。

7.2.3　砂浆在拌合和施工过程中应按下列规定进行检查验收：

a）检查拌制砂浆所用原材料的品种、规格和用量，每工作班至少两次。

b）砂浆的拌合时间应随时检查。

7.2.4 砂浆的质量检验，一般用试块方法检验，试块的制作方法应符合 GB50203 的规定，试块的强度检验方法应符合 JGJ70 的规定。试块强度平均值应不低于设计强度等级的 95%。

## 8 水泥密封检验

8.1 水泥密封层应灰浆饱满，抹压密实，无翻砂、无裂纹、无空鼓、无脱落，表层光滑。接缝要严密，各层间粘结牢固。

检验方法：边施工边观察或用木锤敲击检查；查施工记录。

8.2 水泥密封层厚度应符合 GB/T4752 的设计要求，总厚度允许偏差+5 毫米。

检验方法：边施工边检查。

## 9 涂料密封层检验

9.1 涂料层应薄而均匀，并且具有对潮湿基面良好的附着力，抗老化性及耐酸碱性，不得出现任何裂纹。

9.2 涂料密封层施工中涂刷不得有漏刷、脱落、空鼓、起壳，接缝不严密，裂缝等现象，涂刷厚度要均匀，表面光滑。

检验方法：边施工边检查；查施工记录。

## 10 沼气池整体施工质量和密封性能验收及检验方法

10.1 直观检查法：应对施工记录和沼气池各部位的几何尺寸进行复查。池体内表面应无蜂窝、麻面、裂纹、砂眼和气孔，无渗水痕迹等目视可见的明显缺陷；粉刷层不得有空鼓或脱落现象，合格后方可进行试压验收。

10.2 待混凝土强度达到设计强度等级的 85%以上时，方能进行试压查漏验收，检验方法有水试压法和气试压法。

10.2.1 水试压法：向池内注水，水面升至零压线位时停止加水，待池体湿透后标记水位线，观察12小时。当水位无明显变化时，表明发酵间及进出料管水位线以下不漏水，之后方可进行试压。试压时先安装好活动盖，并做好密封处理：接上U型水柱气压表后继续向池内加水，待U型水柱气压表数值升至最大设计工作气压时停止加水，记录U型水柱气压表数值，稳压观察24小时。若气压表下降数值小于设计工作气压的3%时，可确认为该沼气池的抗渗性能符合要求。

10.2.2 气试压法：池体加水试漏同水试压法。确定池墙不漏水之后，抽出池中水将进出料管口及活动盖严格密封，装上U型水柱气压表，向池内充气，当U型水柱气压表数值升至设计工作气压时停止充气，并关好开关，稳压观察24小时，若U型水柱气压表下降数值小于设计工作气压的3%时，可确认为该沼气池的抗渗性能符合要求。

浮罩式沼气池，须对贮气浮罩进行气压法检验。

浮罩试压：先把浮罩安装好后，在导气管处装上U型水柱气压表，再向浮罩内打气，同时在浮罩外表面刷肥皂水仔细观察浮罩，表面检查是否有漏气．当浮罩上升到设计最大高度时，停止打气，稳定观察24小时，U型水柱气压表，水柱下降数值小于设计工作气压的3%时，可确认该浮罩的抗渗性能符合要求。

## 11 沼气池整体工程竣工验收

11.1 沼气池交付使用前应符合GB/T 4750的设计要求，按GB/T 4752施工。

11.2 沼气池工程验收时，应填写（提供）沼气池验收登记表（见表6）。

**表6 省 地（市）县 乡沼气池验收登记表**

| 沼气建池户姓名 | | 施工技术员姓名 | |
|---|---|---|---|
| 建池户地址 | | 沼气池池型 | |
| 开工日期 | | 沼气池容积 | |
| 竣工日期 | | 验收日期 | |
| 建池材料（水泥，砂、石等）数量、规格、标号 | | | |
| 建沼气池用户意见（签字） | | | |
| 主持验收单位意见（须说明建设技术、质量，材料等是否合格，试压检验结果等）<br>负责人（签章）<br>年 月 日 | | | |

# 参考文献


1. 苑瑞华．沼气生态农业技术．北京：中国农业出版社，2001
2. 李长生．农家沼气实用技术．北京：金盾出版社，2009
3. 肖　涛．农村沼气工培训教程．北京：中国农业科学技术出版社，2011
4. 迟全勃．新农村沼气能人培训教材．北京：机械工业出版社，2011
5. 宋洪川．农村沼气实用技术．北京：化学工业出版社，2011
6. 任济星．农村沼气技术500问．北京：中国农业出版社，2006
7. 叶　夏，等．农村沼气实用技术．福州：福建科技出版社，2009
8. 林　聪，等．养殖场沼气工程实用技术．北京：化学工业出版社，2010
9. 郭宪章．沼气工程系统设计与施工运行．北京：人民邮电出版社，2011
10. 鲁植雄．农村户用沼气安全使用与维护一点通．北京：中国农业出版社，2010
11. 张志刚，张志民．图说户用沼气池建造与安全使用．郑州：河南科学技术出版社，2006
12. 郑时选，陈　倩．农村户用沼气系统维护管理技术手册．北京：/金盾出版社，2009
13. 周孟津，张榕林，蔺金印．沼气实用技术．北京：化学工业出版社，2009
14. 胡明阁．农村沼气工实用手册．北京：中国农业科学技术出版社，2011
15. 吕增安．农村沼气综合利用．北京：中国农业出版社，2011
16. 农业部科技教育司，沼气用户手册．北京：中国农业出版社，2007
17. 施　俊．沼气设施故障检测与排除．中国三峡出版社，2008
18. 张　玲．农村沼气池设计施工技术与沼气的综合利用．成都：西南交通大学出版社，2009

19. 袁雅梅．沼气生产工．北京：中国劳动社会保障出版社，2009
20. 魏群勇，方伟超．农村沼气工实用技术．北京：中国人口出版社，2010
21. 谢祖琪，屈　锋，梅自力．农村户用沼气技术图解．北京：中国三峡出版社，2008
22. 刘彦昌，刘　敏，左士平．沼气建设与利用300问．郑州：中原农民出版社，2007